无距虾脊兰
保育生物学研究

Research on Conservation
Biology of *Calanthe tsoongiana*

田敏 ◆ 著

中国林业出版社
China Forestry Publishing House

图书在版编目（CIP）数据

无距虾脊兰保育生物学研究 / 田敏著. -- 北京：
中国林业出版社, 2024. 8. -- ISBN 978-7-5219-2868-6

Ⅰ. Q949.71

中国国家版本馆CIP数据核字第20245RH828号

策划编辑：李　敏
责任编辑：王美琪

出版发行　中国林业出版社（100009，北京市西城区刘海胡同 7 号，电话 010-83143575）
电子邮箱　cfphzbs@163.com
网　　址　https://www.cfph.net
印　　刷　河北京平诚乾印刷有限公司
版　　次　2024 年 8 月第 1 版
印　　次　2024 年 8 月第 1 次印刷
开　　本　787mm×1092mm　1/16
印　　张　13.75
字　　数　256 千字
定　　价　138.00 元

Preface
前 言

　　兰科是被子植物中最大的科之一，全世界约有兰科植物800属近3万个原生种，广泛分布于两极和极干旱荒漠地区以外的各种陆地生态系统中。兰科植物具有多样化的形态和生态适应特征，以及复杂而又独特的生活史，一直是生物学研究的热点类群之一。同时，兰科许多种类具有极高的观赏、药用和科研价值，皆被列入《濒危野生动植物种国际贸易公约》（简称"CITES"）的保护范围之内，是保护生物学研究的重点类群。在当前的野生兰花保护和育种工作中，兰科植物人工培育较困难是一个共性问题。大多数野生兰科植物自然种群的坐果率低，而且种子萌发能力低下，种群的实生苗少，这种有性繁殖能力差的现象不利于兰花的保育和产业的健康发展。

　　我国是世界上兰科植物最为丰富的国家之一，目前记载的有200属1700多种，具有从原始到高级的一系列进化群。兰科植物也是世界花卉业的重要组成部分。在我国的兰科植物中，除兰属植物外，尚有200余种野生兰花可供观赏。其中，虾脊兰属就是具有较高观赏价值的类群之一，全属约有150个原生种，广泛分布于世界各地。虾脊兰属植物的花色资源丰富，有紫、红、黄、黄绿、白等多种；株形多样，一些种类也是切花的好材料，具有较大的开发利用价值。无距虾脊兰（*Calanthe tsoongiana*）是虾脊兰属内的小花型种类，其株形美观，叶色浓密，花朵形态小巧可爱，为中国特有的兰科植物，分布于浙江、江西、福建和贵州等地，模式标本采自浙江省西天目山。

　　无距虾脊兰由唐进等发现并命名，发表于1951年的《植物分类学报》第一期，以后鲜有报道，基础生物学数据缺乏。近十年来，笔者所在的研究组以其模式标本采集地为重点研究区域，对无距虾脊兰野生居群进行了系统性研究，包括生长特性和繁育系统、遗传多样性、果实和种子发育特征、种子萌发特性、野生居群的内生真菌多样性等，获得了无距虾脊兰野生生存状态及其生物学特性的试验证据，并建立了该物种人工繁育和野外回归的技术体系。相关研究为无距虾脊兰野生种群的保护和开发利用提供了基础数据和技术支撑，并为相关种属野生兰花的保育工作提供参考。

相关研究的开展得到了浙江省多项科研项目的资助，包括浙江省重大农业项目"浙江省珍稀特色野生兰科植物的保育与育种技术研究"（项目编号：2010C02004-2）、浙江省林业厅省院合作项目"浙北乡土花卉引选及扩繁技术研究"（项目编号：2012SY02-3）、浙江省"十三五"农业科技专项子课题"野生兰花的种质保育及品种选育研究"（项目编号：2016C02056-13-2）、浙江省重点研发子专题"濒危植物虾脊兰的资源保育和挖掘利用"（2019C02036）等。研究工作主要由中国林业科学研究院亚热带林业研究所景观植物育种与培育研究组相关科研人员完成，硕士研究生连静静、钱鑫、蒋雅婷参与了无距虾脊兰生长特性及繁育系统调查、胚胎发育、遗传多样性以及种子萌发及繁育技术等的相关工作，何水莲参与了野生种群内生真菌多样性的研究工作，黄蓓对虾脊兰属的花香及花色多样性进行了评价。段国敏、杜会聪、蒋杏萍等参加了野外调查。

浙江天目山国家级自然保护区管理局的牛晓玲工程师和赵明水工程师在资源的调查及试验材料的采集方面给予了大力的帮助，浙江清凉峰国家级自然保护区管理局的张宏伟工程师在样本的采集方面给予了积极的配合及有效的建议。在此一并致谢。

本书仅是有关无距虾脊兰研究过程的阶段性总结，由于项目组研究人员的水平和能力有限，书中难免会有许多不足之处，还有待今后完善和补充，希望科研同行提出宝贵意见及读者朋友提供有益的帮助，以便在今后的科研工作中改正和提高。

著 者
2024年5月

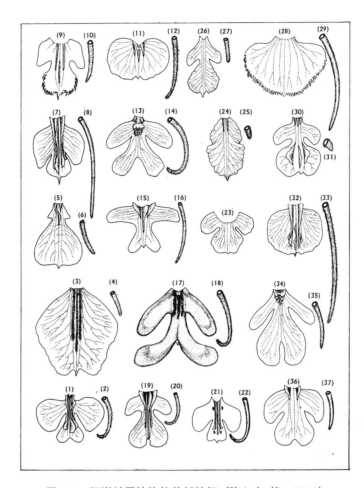

图 1-1 虾脊兰属植物的花部特征（陈心启 等，2003）

（1）（2）虾脊兰;（3）（4）少花虾脊兰;（5）（6）乐昌虾脊兰;（7）（8）翘距虾脊兰;（9）（10）墨脱虾脊兰;（11）（12）四川虾脊兰;（13）（14）西南虾脊兰;（15）（16）疏花虾脊兰;（17）（18）三褶虾脊兰;（19）（20）南昆虾脊兰;（21）（22）钩距虾脊兰;（23）天全虾脊兰;（24）（25）天府虾脊兰;（26）（27）弧距虾脊兰;（28）（29）流苏虾脊兰;（30）（31）肾唇虾脊兰;（32）（33）圆唇虾脊兰;（34）（35）泽泻虾脊兰;（36）（37）峨边虾脊兰

翘距虾脊兰（*Calanthe aristulifera*）的新分布。另外，在陕西、西藏、湖北等发现了药山虾脊兰、大黄花虾脊兰（*Calanthe sieboldii*）、弧距虾脊兰（*Calanthe arcuata*）和反瓣虾脊兰（*Calanthe reflexa*）的新记录。新物种以及物种新分布地的发现，丰富了对虾脊兰属植物多样性的认识，为种质资源调查提供了数据理论支撑。

虾脊兰属植物具有较高的观赏价值、经济价值，但野外虾脊兰的生存状态不容乐观，全部虾脊兰属植物已被《中国物种红色名录》（第一卷）列为面临濒危或者已濒临灭绝等级，人工过度非法采挖、旅游业开发以及林下种植等均是导致其濒危的因素。黄卫昌等（2015）对中国虾脊兰属植物的濒危状况进行评估，囊爪虾脊兰（*Calanthe sacculata*）、开唇虾脊兰（*Calanthe limprichtii*）这两种中国特有虾脊兰被评估为野外灭绝，无距虾脊兰（*Calanthe tsoongiana*）等16种虾脊兰被评估为极度濒危，棒距虾脊兰（*Calanthe clavate*）等4种被评估为易危，在极度濒危的物种中大部分为极小种群物种，只有一两个分布点。可见，中国虾脊兰属植物濒危的状况比前人的评估结果要严重得多，因此，加强对野生虾脊兰的保护是一个刻不容缓的任务。

1.1　虾脊兰属的植物学特征

多数为地生草本。根圆柱形，细长而密被淡灰色长绒毛。根状茎有或无。假鳞茎通常粗短，圆锥状，很少不明显或伸长为圆柱形的。叶少数，常较大，少有狭窄而呈剑形或带状，幼时席卷，全缘或波状，基部收窄为长柄或近无柄，柄下为鞘；在叶柄与鞘相连接处有一个关节或无，无毛或有毛，花期通常尚未全部展开或少有全部展开。花葶出自当年生由低出叶和叶鞘所形成的假茎上端的叶丛中，或侧生于茎的基部，少有从去年生无叶的茎端发出，直立，不分枝，下部具鞘或鳞片状苞片，通常密被毛，少数无毛。总状花序具少数至多数花；花苞片小或大，宿存或早落；花通常张开，小至中等大；萼片近相似，离生；花瓣比萼片小；唇瓣常比萼片大而短，基部与部分或全部蕊柱翅合生而形成长度不等的管，少有贴生在蕊柱足末端而与蕊柱分离的，分裂或不裂，有距或无距；唇盘具附属物（胼胝体、褶片或脊突）或无附属物；蕊柱通常粗短，无足或少数具短足，两侧具翅，翅向唇瓣基部延伸或不延伸；蕊喙分裂或不分裂；柱头侧生；花粉团蜡质，8个，每4个为一群，近相等或不相等；花粉团柄明显或不明显，共同附着于1个黏质物上。

本属中有两个亚属，分别为虾脊兰亚属（subgen. *Calanthe*）和离翅亚属（subgen. *Preptanthe*）。虾脊兰亚属的植物旱季不落叶，蕊柱无蕊柱足；唇瓣基部与蕊柱翅合生而形成长短不等的管。离翅亚属的植株在旱季落叶。假鳞茎肉质，粗壮。花葶和花密被长柔毛；蕊柱具短足；唇瓣基部贴生于蕊柱足的末端而与蕊柱翅分离。离翅亚属我国仅产1种，即葫芦茎虾脊兰（*Calanthe labrosa*）（表1-1）。

虾脊兰亚属模式种为三褶虾脊兰。我国有2个组48种5个变种。虾脊兰亚属下面分为两个组，为落苞组（Sect. *Styloglossum*）和虾脊兰组（Sect. *Calanthe*）。

落苞组分类学特征：花苞片早落，花通常不甚开放，蕊喙不裂；根状茎明显，横生；假鳞茎不明显或为粗短的圆柱形；叶柄在与叶鞘连接处有一个关节。

表 1-1　离翅亚属

中文名	学　名	形态描述
葫芦茎虾脊兰	*Calanthe labrosa*	旱季落叶；花序（色括花序轴、苞片和花）密被长柔毛；蕊柱具足；唇瓣基部贴生于蕊柱足末端，与蕊柱翅离生

我国有6种，即辐射虾脊兰（*Calanthe actinomorpha*）、狭叶虾脊兰（*Calanthe angustifolia*）、南方虾脊兰（*Calanthe lyroglossa*）、密花虾脊兰（*Calanthe densiflora*）、棒距虾脊兰和二列叶虾脊兰（*Calanthe speciosa*）（表1-2）。

表 1-2　虾脊兰亚属落苞组

序　号	中文名	学　名	形态描述
1	落苞组	Sect. *Styloglossum*（Breda）J. J. Smith	花苞片早落；叶柄在与叶鞘相连接处具 1 个关节；蕊喙不裂
1	辐射虾脊兰	*Calanthe actinomorpha*	唇瓣与花瓣几乎同形，无距
2	狭叶虾脊兰	*Calanthe angustifolia*	花白色；唇瓣 3 裂，基部具 2 枚三角形的褶片；中裂片近倒心形
3	南方虾脊兰	*Calanthe lyroglossa*	唇瓣不明显 3 裂；侧裂片很小，钝齿状或半圆形；中裂片宽肾形或近横长圆形；距棒状；花粉团近棒状，长约 1.2mm；黏盘盾状
4	密花虾脊兰	*Calanthe densiflora*	距圆筒形；总状花序球形，由许多放射状排列的花所组成；唇瓣基部稍与蕊柱翅的基部（约占整个蕊柱翅长的1/4处）合生；蕊柱细长，长 1.2cm
5	棒距虾脊兰	*Calanthe clavata*	唇瓣与蕊柱翅合生而形成管，在近管口处具 2 枚三角形的褶片；唇瓣中裂片近圆形，基部无爪；黏盘近心形
6	二列叶虾脊兰	*Calanthe speciosa*	唇瓣在两侧裂片之间具 2 枚半月形褶片或褶片消失；中裂片向先端扩大呈扇形或有时近圆形，基部明显具爪；黏盘狭如线形

　　虾脊兰组分类学特征：花苞片宿存，花通常开放，蕊喙通常2~3裂；根状茎不明显；假鳞茎圆锥形或卵球形，较少为稍伸长的圆柱形；叶柄在与叶鞘相连接处无关节。我国有42种5变种（表1-3）。

　　另外，多数虾脊兰属植物的花器官具有距的结构。距是唇瓣基部向下延伸成中空的圆筒状的部分，是花部形态结构的一种特化。它是植物进化的结果，也是植物分类的特征之一。距里面通常有腺体之类的结构，腺体分泌的蜜就贮存在距里，昆虫为了吸食蜜糖，客观上起到了传粉的作用。距的形状和长度不同，起到了选择昆虫的作用，昆虫的食性又有选择植物的作用，这样在植物和昆虫间建立了特定昆虫为特定植物传粉的机制，为种的稳定性起到了巨大作用。

表 1-3　虾脊兰亚属虾脊兰组

序　号	中文名	学　名	形态描述
1	虾脊兰组	Sect. *Calanthe*	花苞片宿存；叶柄在与叶鞘相连接处无关节；蕊喙 2~3 裂
1	无距虾脊兰	*Calanthe tsoongiana*	花很小，萼片长不及 8mm
2	囊爪虾脊兰	*Calanthe sacculata*	唇瓣具明显的爪，爪的基部凹陷成浅囊状
3	天全虾脊兰	*Calanthe ecarinata*	唇瓣在基部 3 深裂；侧裂片和中裂片的基部均与蕊柱翅合生
4	三棱虾脊兰	*Calanthe tricarinata*	萼片和花瓣浅黄色，唇瓣红褐色；唇瓣侧裂片很小，耳状或半圆形；中裂片近肾形，具 3~5 条鸡冠状褶片，边缘皱波状
5	镰萼虾脊兰	*Calanthe puberula*	花开放后萼片和花瓣不反折
6	反瓣虾脊兰	*Calanthe reflexa*	花开放后萼片和花瓣反折
7	流苏虾脊兰	*Calanthe alpina*	唇瓣前缘具流苏
8	四川虾脊兰	*Calanthe whiteana*	花苞片反折；花开放后萼片和花瓣反折，干后变黑色；叶剑状或狭长圆状倒披针形，宽 2.5~4.5cm
9	匙瓣虾脊兰	*Calanthe simplex*	花质地厚（稍肉质）；唇瓣肾形，距长不超过 15mm；叶长圆形，宽 4~7cm
10	圆唇虾脊兰	*Calanthe petelotiana*	唇瓣扁圆形或横长圆形，具 3~5 条褶片；距粗壮，长 2.8cm；叶倒披针形，宽 5.5~8cm
11	天府虾脊兰	*Calanthe fargesii*	唇瓣基部与整个蕊柱翅合生，先端急尖，边缘波状并多少啮蚀状
12	少花虾脊兰	*Calanthe delavayi*	唇瓣基部与蕊柱基部的翅稍合生，先端近截形而且中央微凹并具细尖，前部边缘具不整齐的齿
13	二裂虾脊兰	*Calanthe biloba*	唇瓣深 2 裂，裂片近斧头形；距短圆锥形，长约 2mm
14	细花虾脊兰	*Calanthe mannii*	花小，萼片长不及 1cm；唇瓣中裂片横长圆形或近肾形，先端微凹并具短尖
15	峨眉虾脊兰	*Calanthe emeishanica*	唇瓣中裂片近肾形或横长圆形，先端截形并微凹，边缘皱波状；唇盘上具 7 条褶片；距长约 2mm
16	弧距虾脊兰	*Calanthe arcuata*	唇瓣中裂片椭圆状菱形，先端急尖，边缘波状并具不整齐的齿；唇盘上具 3~5 条龙骨状脊；距长 4mm
17	通麦虾脊兰	*Calanthe griffithii*	唇盘中央具 1 枚近三角形的褶片
18	叉唇虾脊兰	*Calanthe hancockii*	唇瓣与整个蕊柱翅合生；中裂片狭倒卵状长圆形，比两侧裂片先端之间的宽小得多，先端急尖或具短尖；唇盘上具 3 条波状褶片
19	肾唇虾脊兰	*Calanthe brevicornu*	唇瓣与蕊柱中部以下的蕊柱翅合生；中裂片肾形或近圆形，与两侧裂片先端之间的宽近相等或稍大，先端通常微凹；唇盘上通常具 3 条全缘的褶片
20	剑叶虾脊兰	*Calanthe davidii*	叶剑形或带状，宽 1.5~3（~4.5）cm；花苞片狭披针形，反折；花小，萼片长不及 1cm
21	中华虾脊兰	*Calanthe sinica*	叶两面密被毛；唇瓣侧裂片近圆形；距棒状
22	长距虾脊兰	*Calanthe sylvatica*	叶仅在背面疏被毛；唇瓣侧裂片镰状披针形；距圆筒状

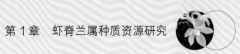

续表

序 号	中文名	学 名	形态描述
23	香花虾脊兰	*Calanthe odora*	植株较矮瘦；花莛出自去年生无叶的茎上，当年生的叶在花期全部未展开
24	白花长距虾脊兰	*Calanthe albolongicalcarata*	叶渐狭为短柄；花无毛；唇瓣非扇形，基部无爪
25	泽泻虾脊兰	*Calanthe alismifolia*	叶骤然收窄为细长的柄；萼片背面被黑褐色糙伏毛；唇瓣近扇形，基部具长爪
26	西南虾脊兰	*Calanthe herbacea*	花瓣线形或狭倒卵状披针形，中部宽 2~2.5mm，基部无爪
27	银带虾脊兰	*Calanthe argenteostriata*	叶面具数条银灰色的条带；花除唇瓣白色和基部的金黄色瘤状物外，其余为黄绿色
28	三褶虾脊兰	*Calanthe triplicata*	叶面无银灰色条带；花除唇瓣基部的金黄色瘤状物外，其余为白色或罕为淡紫红色
29	戟形虾脊兰	*Calanthe nipponica*	叶狭窄，宽 1.5~2cm；花瓣线形，宽约 2mm；唇瓣中裂片近长圆形，先端骤尖，唇盘上具 3 条褶片
30	墨脱虾脊兰	*Calanthe metoensis*	唇瓣侧裂片卵状三角形，前端边缘疏生齿，两侧裂片先端之间的宽度大于中裂片的宽度；中裂片倒卵状楔形，边缘具流苏；唇盘无附属物；花瓣线形，宽约 2mm
31	乐昌虾脊兰	*Calanthe lechangensis*	唇瓣侧裂片很小，牙齿状，全缘，两侧裂片先端之间的宽度比中裂片的宽度小得多；中裂片宽卵状楔形，边缘全缘；唇盘在两侧裂片之间具 3 条褶片；花瓣长圆状披针形，宽 4.5~5mm
32	峨边虾脊兰	*Calanthe yuana*	蕊柱翅不延伸到唇瓣基部；唇瓣侧裂片基部的大部分（约 4/5）合生于蕊柱翅的外侧边缘；中裂片先端凹陷并具 1 个短尖；唇盘无附属物和脊突
33	开唇虾脊兰	*Calanthe limprichtii*	唇瓣 3 裂而呈十字形；侧裂片近长圆形，与中裂片成直角而向外伸展；中裂片长圆状舌形，与侧裂片等长而稍狭，先端骤尖；唇盘上无褶片和龙骨状突起
34	南昆虾脊兰	*Calanthe nankunensis*	花白色；唇瓣两侧裂片先端之间的宽度远小于中裂片的宽度；中裂片倒卵形，比侧裂片宽得多，边缘波状
35	疏花虾脊兰	*Calanthe henryi*	花黄绿色；唇瓣两侧裂片先端之间的宽度远大于中裂片宽度；中裂片近长圆形，与侧裂片近等宽或稍狭，边缘非波状
36	虾脊兰	*Calanthe discolor*	唇盘上具 3 条片状褶片；萼片和花瓣两面紫褐色；唇瓣白色；中裂片先端凹缺或 2 浅裂
37	裂距虾脊兰	*Calanthe trifida*	距长不及 10mm，末端稍 2 裂；花粉红色；唇瓣中裂片先端渐尖
38	大黄花虾脊兰	*Calanthe sieboldiidecne*	唇瓣除唇盘基部具红褐色斑块外，其余为柠檬黄色；中裂片近椭圆形，先端钝并具 1 个短尖；唇盘上具 5 条波状脊突
39	钩距虾脊兰	*Calanthe graciliflora*	唇瓣白色；中裂片近倒卵形，先端微凹并具 1 个短尖；唇盘上具 3 条平直的肉质脊突和 4 个褐色斑点

续表

序 号	中文名	学 名	形态描述
40	翘距虾脊兰	*Calanthe aristulifera*	唇盘具 3~5（~7）条肉质的龙骨脊；距长 14~20mm
41	台湾虾脊兰	*Calanthe arisanensis*	唇盘具 2~3 条不甚明显的脊突；距长 10~13mm
42	车前虾脊兰	*Calanthe plantaginea*	唇瓣中裂片近长圆形，向先端扩大为圆形或扁圆形，边缘全缘，不为波状；唇盘上通常具 3 条脊突，其中央 1 条常呈褶片状
43	贵州虾脊兰	*Calanthe tsoongiana* var. *guizhouensis*	为无距虾脊兰的变种。唇瓣比无距虾脊兰大，侧裂片近斧头形，先端截形，向外伸展
44	城口虾脊兰	*Calanthe sacculata* var. *tchenkeoutinensis*	为囊爪虾脊兰的变种。二者区别在于本变种唇瓣具 3 枚褶片
45	短叶虾脊兰	*Calanthe arcuata* var. *brevifolia*	为弧距虾脊兰的变种。本变种叶较短；唇瓣稍 3 裂；侧裂片近半圆形，先端钝
46	雪峰虾脊兰	*Calanthe graciliflora* var. *xuefengensis*	为钩距虾脊兰的变种。本变种唇瓣中裂片先端扩大成横长圆形；距约等长于花梗和子房，不弯曲
47	泸水车前虾脊兰	*Calanthe plantaginea* var. *lushuiensis*	为车前虾脊兰的变种。花黄色，萼片和花瓣较短而宽，花瓣椭圆形，比侧萼片宽，距较短

兰科植物的距长在唇瓣中，位于近轴侧，因旋转成180°，所以通常所见的兰花呈下垂状。在我国的49种虾脊兰属植物中，唇瓣无距的只有7种，即辐射虾脊兰、无距虾脊兰、囊爪虾脊兰、天全虾脊兰（*Calanthe ecarinata*）、三棱虾脊兰（*Calanthe tricarinata*）、镰萼虾脊兰（*Calanthe puberula*）、反瓣虾脊兰。

虾脊兰属植物株型差异较大，株高从10cm至80cm不等，因此单从株型上可以分为大株型、中株型和小株型等。虾脊兰属植物的花器官大小差异较大，多数虾脊兰属植物为中型花，较小花型的有细花虾脊兰（*Calanthe mannii*）、无距虾脊兰等，而叉唇虾脊兰（*Calanthe hancockii*）相对较大（表1-4、图1-2）。

表1-4　部分虾脊兰属植物花部数量学性状

植 物	萼 片		花 瓣		唇 瓣	
	长（mm）	宽（mm）	长（mm）	宽（mm）	长（mm）	宽（mm）
流苏虾脊兰	17.99 ± 0.89	7.80 ± 0.94	14.86 ± 1.01	5.07 ± 0.01	13.44 ± 0.25	19.67 ± 1.89
肾唇虾脊兰	19.53 ± 1.19	9.24 ± 0.26	16.42 ± 0.22	5.82 ± 0.20	12.19 ± 0.65	11.00 ± 0.98
虾脊兰	14.51 ± 0.95	7.89 ± 0.31	13.05 ± 0.55	5.19 ± 0.09	10.96 ± 0.76	17.56 ± 0.14
中华虾脊兰	21.2 ± 0.20	8.80 ± 0.13	15.80 ± 0.04	7.51 ± 0.05	15.02 ± 0.30	9.83 ± 0.15

续表

植　物	萼　片		花　瓣		唇　瓣	
	长 (mm)	宽 (mm)	长 (mm)	宽 (mm)	长 (mm)	宽 (mm)
三棱虾脊兰	15.76 ± 2.03	8.41 ± 0.84	13.72 ± 1.35	4.80 ± 0.84	13.72 ± 1.35	4.80 ± 0.84
无距虾脊兰	8.74 ± 1.40	4.62 ± 0.94	7.28 ± 1.49	3.06 ± 0.38	4.1 ± 0.31	4.40 ± 0.31
峨边虾脊兰	18.08 ± 1.42	7.39 ± 0.85	15.96 ± 0.57	4.95 ± 0.58	11.26 ± 0.53	12.39 ± 1.42
钩距虾脊兰	13.00 ± 0.64	4.95 ± 0.23	11.18 ± 0.70	3.49 ± 0.20	6.95 ± 0.56	8.65 ± 0.08
叉唇虾脊兰	28.26 ± 2.88	10.15 ± 0.16	23.92 ± 1.20	7.23 ± 0.19	9.88 ± 1.17	19.60 ± 2.66
细花虾脊兰	8.44 ± 0.40	4.01 ± 0.36	7.08 ± 0.64	3.31 ± 0.11	4.47 ± 0.25	3.61 ± 0.32
翘距虾脊兰	16.29 ± 1.07	6.92 ± 1.12	13.87 ± 1.29	4.40 ± 1.23	8.72 ± 1.11	11.31 ± 3.12

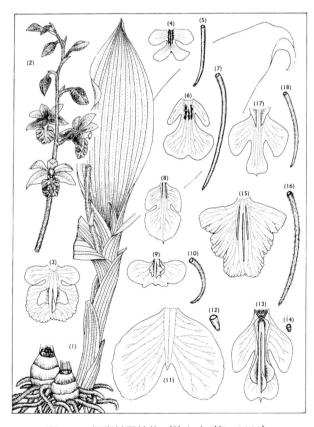

图 1-2　虾脊兰属植物（陈心启 等，2003）

（1）（2）（3）三棱虾脊兰；（4）（5）香花虾脊兰；（6）（7）长距虾脊兰；（8）反瓣虾脊兰；（9）（10）剑叶虾脊兰；（11）（12）二裂虾脊兰；（13）（14）叉唇虾脊兰；（15）（16）葫芦茎虾脊兰；（17）（18）车前虾脊兰

1.2　虾脊兰属的植物资源

中国共有49种5变种，其中21种为中国特有种，喜温暖不耐强光，常见于热带和亚热带地区，主要生长在湿润性亚热带常绿阔叶林和热带雨林中。虾脊兰属的茎不明显，根状茎较短；叶数枚，较大，近基生，通常3片，倒披针状狭长椭圆形，有柄，基部抱茎。虾脊兰属按茎叶的生物学特性通常可分为两个大类：一类为常绿种，其叶片常绿，球状的假鳞茎小；另一类为落叶种，其假鳞茎较大，秋季落叶。虾脊兰属的花色有紫、红、黄绿、黄、白等多种，既有适合盆栽观赏的小型种类，也有适合露地栽培的宿根大型种类，一些种类也是切花的好材料。

虾脊兰属中有的种类具有较高的观赏价值，现介绍如下。

1.2.1　虾脊兰（*Calanthe discolor*）

根状茎不明显；假鳞茎粗短，近圆锥形，具3~4枚鞘和3枚叶。叶在花期全部未展开，呈倒卵状长圆形或椭圆状长圆形。花莛高出叶外，密被短毛；总状花序，疏生10余朵花；花开展，萼片和花瓣呈褐紫色；中萼片稍斜椭圆形，背面中部以下被毛，侧萼片与中萼片等大；花瓣近长圆形或倒披针形；唇瓣白色，扇形，与萼片近等长，3裂；侧裂片镰状倒卵形，先端稍向中裂片内弯，中裂片倒卵状楔形，先端深凹，前端边缘有时具齿；唇盘具3条膜片状褶片，褶片平直全缘，延伸至中裂片中部，前端三角形隆起；距圆筒形。花期4~5月（图1-3）。

图1-3　虾脊兰

1.2.2　三棱虾脊兰（*Calanthe tricarinata*）

根状茎不明显；假鳞茎圆球状。叶在花期时尚未展开，薄纸质，椭圆形或倒卵状披针形，边缘波状。花莛从假茎顶端的叶间发出，直立，粗壮；总状花序，疏生少数至多数花，花张开，质地薄，萼片和花瓣浅黄色；花瓣倒卵状披针形，先端锐尖或稍钝，基部收狭为爪，具3条脉，无毛；唇瓣红褐色，基部合生于整个蕊柱翅上，3裂；侧裂片耳状或近半圆形，中裂片肾形，先端稍凹，具短尖，边缘深波状；唇盘具3~5条鸡冠状褶片，无距。花期5~6月。具有较高的园艺观赏价值（图1-4）。

图 1-4　三棱虾脊兰

1.2.3　反瓣虾脊兰（*Calanthe reflexa*）

假鳞茎粗短，或有时不明显；假茎具1~2枚鞘和4~5枚叶。叶椭圆形，先端锐尖，基部收狭为柄，两面无毛，花时全体展开。花莛1~2个，直立，远高出叶层之外，被短毛；总状花序，疏生许多花；花粉红色，萼片和花瓣反折，并与子房平行；中萼片卵状披针形，侧萼片与中萼片等大，歪斜，先端尾尖，被毛；花瓣线形，无毛，唇瓣3裂，侧裂片镰状，中裂片近椭圆形或倒卵状楔形，有齿；无距。花期5~6月（图1-5）。

图1-5 反瓣虾脊兰

1.2.4 流苏虾脊兰（*Calanthe alpina*）

假鳞茎短小，窄圆锥形；假茎具3枚鞘和3枚叶，在花期全部展开，椭圆形或倒卵状椭圆形。花葶从叶间抽出，通常1个，偶见2个，直立，高出叶层之外，被稀疏的短毛；总状花序，疏生3~10朵花。萼片和花瓣白色，先端带绿色或淡紫堇色，先端芒尖；中萼片近椭圆形，侧萼片卵状披针形；花瓣似萼片，较窄，唇瓣白色，后部黄色，前部具紫红色条纹，与蕊柱中部以下的蕊柱翅合生，半圆状扇形，前缘具流苏，先端稍凹具细尖；距圆筒形，粗壮，劲直，淡黄或淡紫堇色；蕊柱白色；药帽前端窄；花粉团倒卵球形，具短的花粉团柄；黏盘小，近长圆形。花期6~9月（图1-6）。

图1-6 流苏虾脊兰

1.2.5　细花虾脊兰（*Calanthe mannii*）

根状茎不明显。假鳞茎粗短，圆锥形，具2~3枚鞘和3~5枚叶。叶在花期尚未展开，折扇状，倒披针形或有时长圆形，背面被短毛。花莛从假茎上端的叶间抽出，直立，高出叶层外，密被短毛；总状花序，疏生或密生10余朵小花。花小；萼片和花瓣暗褐色。中萼片卵状披针形或有时长圆形；侧萼片多少斜卵状披针形或有时长圆形，与中萼片近等长。花瓣倒卵状披针形或有时长圆形，比萼片小，先端锐尖，具1~3条脉。唇瓣金黄色，比花瓣短，基部合生在整个蕊柱翅上，3裂；侧裂片卵圆形或斜卵圆形，先端圆钝；中裂片横长圆形或近肾形，先端微凹并具短尖，边缘稍波状。唇盘上具3条褶片或龙骨状脊；距短钝，伸直；花粉团狭卵球形，近等大；黏盘小，近圆形。花期5月（图1-7）。

图 1-7　细花虾脊兰

1.2.6　弧距虾脊兰（*Calanthe arcuata*）

根状茎不明显。假鳞茎短，圆锥形，具2~3枚鞘和3~4枚叶。叶在花期全部展开，狭椭圆状披针形或狭披针形，边缘常波状，两面无毛。花莛出自叶丛中间，1~2个，直立，高出叶层外；总状花序，疏生约10朵花；萼片和花瓣的背面黄绿色，内面红褐色，无毛；中萼片狭披针形；侧萼片斜披针形，与中萼片等大，先端渐尖，具5条脉；花瓣线形，与萼片近等长，先端渐尖，具3条脉，仅中脉到达先端；唇瓣白色带紫色先端，后来转变为黄色，3裂。侧裂片斜卵状三角形或近长圆形；中裂片椭圆状棱形，先端急尖并呈芒状，基部楔形或收狭成爪，边缘波状并具不整齐的齿，无毛或疏生毛；唇盘上具3~5条龙骨状脊；距圆筒形，细小；花粉团稍扁的狭卵球形，等大；黏盘小，近长圆形。花期5~9月（图1-8）。

图 1-8 弧距虾脊兰

1.2.7 叉唇虾脊兰（*Calanthe hancockii*）

假鳞茎圆锥形，具3~4枚鞘和3枚尚未展开的叶。叶在花期尚未展开，椭圆形或椭圆状披针形，先端急尖或锐尖，边缘波状，背面被短毛。花葶出自假茎上端的叶间，密被短毛；总状花序，疏生少数至20余朵花；花大，稍垂头。萼片和花瓣黄褐色；花瓣近椭圆形，先端渐尖，具3脉，无毛；唇瓣柠檬黄色，基部具短爪，与整个蕊柱翅合生，3裂；侧裂片镰状长圆形，先端斜截；中裂片窄倒卵状长圆形，与侧裂片等宽，唇盘具3条波状褶片，褶片在前端隆起；距淡黄色，纤细。花期4~5月（图1-9）。

1.2.8 肾唇虾脊兰（*Calanthe brevicornu*）

假鳞茎粗短，圆锥形，具3~4枚鞘和3~4枚叶。假茎粗壮。叶在花期全部未展开，椭圆形或倒卵状披针形，边缘多少波状，具4~5条主脉，两面无毛。花葶从假茎上端的叶间发出，远高出叶层外，密被短毛；总状花序，疏生多数花；萼片和花瓣黄绿色。中萼片长圆形，侧萼片斜长圆形或近披针形，与中萼片近等大，被毛；花瓣长圆状披针形，较萼片短，无毛；唇瓣具短爪，与蕊柱翅中部以下合生，3裂，侧萼片镰状长圆形，先端斜截，中裂片近肾形或圆形，具短爪，先端具短尖；唇盘粉红色，具3条黄色褶片；距很短，长约2mm，向末端变狭，外面被毛；花粉团稍扁的倒卵球形，近等大，长约1.5mm。花期5~6月（图1-10）。

图 1-9　叉唇虾脊兰

图 1-10　肾唇虾脊兰

1.2.9　中华虾脊兰（*Calanthe sinica*）

　　根状茎短或不明显。假鳞茎卵状圆锥形，常具4枚叶，无明显的假茎（图1-11）。叶在花期全部展开，椭圆形，两面密被短柔毛。花葶从叶丛中抽出，直立，密被短柔毛；总状花序，疏生约10朵花；花紫红色；萼片近等大，椭圆形；花瓣椭圆形，具3~4条脉；唇瓣基部与整个蕊柱翅合生，3裂；侧裂片近圆形或方形，中裂片扇形，基部楔形，先端稍具凹缺；唇盘上具4个呈"品"字形的栗色斑点，基部有3列黄色瘤状附属物；距长棒状，外面疏被短柔毛；蕊柱粗短。花期在夏季。

图 1-11　中华虾脊兰

1.2.10　泽泻虾脊兰（*Calanthe alismifolia*）

　　根状茎不明显。假鳞茎细圆柱形，具3~6枚叶，无明显的假茎。叶在花期全部展开，椭圆形至卵状椭圆形。花葶1~2个，从叶腋抽出，直立，纤细，约与叶等长；总状花序，具3~10朵花；花白色或有时带浅紫堇色；萼片近相似，近倒卵形，具5条脉；花瓣近菱形，具3条脉，无毛；唇瓣基部与整个蕊柱翅合生，比萼片大，向前伸展，3深裂；侧裂片线形或狭长圆形，先端圆形，两侧裂片之间具数个瘤状的附属物和密被灰色长毛；中裂片扇形，比侧裂片大得多，先端近截形，深2裂；距圆筒形，纤细，劲直，与子房近平行；花粉团卵球形，近等大。花期6~7月（图1-12）。

图 1-12　泽泻虾脊兰

1.2.11　银带虾脊兰（*Calanthe argenteostriata*）

无明显的根状茎。假鳞茎粗短，近圆锥形，具2~3枚鞘和3~7枚叶。叶上面深绿色，带5~6条银灰色的条带，椭圆形或卵状披针形。花莛从叶丛中央抽出，密被短毛；总状花序，具10余朵花；花张开；萼片和花瓣多少反折，黄绿色；中萼片椭圆形，侧萼片宽卵状椭圆形，先端钝并具短芒，具5条脉，背面被短毛；花瓣近匙形或倒卵形，比萼片稍小，先端近截形并具短凸，具3条脉，无毛；唇瓣白色，与整个蕊柱翅合生，比萼片长，基部具3列金黄色的小瘤状物，3裂；侧裂片近斧头状，先端近圆形；中裂片深2裂；小裂片与侧裂片等大；距黄绿色，细圆筒形；蕊柱和药帽白色；花粉团狭倒卵球形或狭棒状，近等大，具短的花粉团柄；黏盘近方形。花期4~5月（图1-13）。

1.2.12　三褶虾脊兰（*Calanthe triplicata*）

根状茎不明显。假鳞茎卵状圆柱形。叶在花期全部展开，椭圆形或椭圆状披针形，边缘常波状，两面无毛。花莛从叶丛中抽出，直立，密被短毛；总状花序，密生许多花；花白色或偶见淡紫红色，后来转为橘黄色；萼片和花瓣常反折，质地较厚，干后变黑色；中萼片近椭圆形，先端锐尖或具细尖

图 1-13　银带虾脊兰

头，具5条脉，其中中间3条较明显；侧萼片稍斜的倒卵状披针形，比中萼片稍大，具5条脉，背面被短毛；花瓣倒卵状披针形，比萼片短，先端圆钝或近截形并具细尖，具3条脉；唇瓣基部与整个蕊柱翅合生，比萼片长，向外伸展，基部具3~4列金黄色或橘红色小瘤状附属物，3深裂；侧裂片卵状椭圆形至倒卵状楔形；中裂片深2裂；小裂片叉开，与侧裂片近等大，两裂片中央具1个短尖头；距白色，纤细，圆筒形，伸直；花粉团棒状，每一群中有2个较小，具明显的花粉团柄；黏盘小，近椭圆形。花期4~5月（图1-14）。

图 1-14　三褶虾脊兰

1.2.13　乐昌虾脊兰（*Calanthe lechangensis*）

根状茎不明显。假鳞茎粗短，圆锥形，常具3枚鞘和1枚叶；叶在花期尚未展开，宽椭圆形，两面无毛。花葶从叶腋发出，直立；总状花序，疏生4~5朵花；花浅红色；中萼片卵状披针形，具5条脉；侧萼片稍斜的长圆形，与中萼片等长，但稍狭，具5条脉；花瓣长圆状披针形，具3条脉，背面被短柔毛；唇瓣倒卵状圆形，基部具爪，与整个蕊柱翅合生，3裂；侧裂片很小，牙齿状，先端钝，两侧裂片之间具3条隆起的褶片；中裂片宽卵状楔形，比两侧裂片先端之间的距离宽大得多，先端微凹并具短尖；距圆筒形，伸直；花粉团棒状，近等大；黏盘近长圆形。花期3~4月（图1-15）。

图 1-15　乐昌虾脊兰

1.2.14　峨边虾脊兰（*Calanthe yuana*）

又称截帽虾脊兰。无明显的根状茎。假鳞茎粗短，圆锥形。叶在花期全部尚未展开，椭圆形。花葶从假茎上端的叶间抽出，直立，密被短毛；总状花序，花黄白色；中萼片椭圆形，无毛，侧萼片椭圆形，先端具短尖，无毛；花瓣斜舌形，先端具短尖，具短爪；唇瓣圆状菱形，与蕊柱翅合生，3裂，侧裂片镰状长圆形，中裂片倒卵形，先端圆钝，稍凹，基部楔形，唇盘无褶片和脊突；距圆筒形；蕊柱无毛，蕊喙2裂，裂片披针形；药帽先端近平截。花粉团倒卵球形，等大；黏盘小，近长圆形。花期5月（图1-16）。

1.2.15　大黄花虾脊兰（*Calanthe sieboldii*）

假鳞茎小，具5~7枚鞘和2~3枚叶。花期叶全放，叶宽椭圆形。花葶高出叶外；总状花序疏生约10朵花；花大，鲜黄或柠檬黄色，稍肉质；中萼片椭圆形，侧萼片斜卵形，较中萼片小，先端锐尖；花瓣窄椭圆形，先端锐尖；唇瓣与蕊柱翅合生，平伸，3深裂，近基部具红色斑块和2排白色短毛，侧裂片斜倒

图1-16　峨边虾脊兰

卵形，先端圆钝；中裂片近椭圆形，先端具短尖，唇盘具5条波状脊突；具距，内面被毛。花期2～3月。大黄花虾脊兰的株形大气，花色纯正，花形美丽，为国家一级重点保护野生植物（图1-17）。

1.2.16　钩距虾脊兰（*Calanthe graciliflora*）

根状茎不明显。假鳞茎短，近卵球形。叶近基生；叶片椭圆形（图1-18）。花莛从叶丛中长出，总状花序疏生多数花；萼片和花瓣黄绿色；中萼片卵形，先端锐尖；侧萼片稍窄，与中萼片近同形；花瓣倒卵状披针形先端锐尖；唇瓣白色，3裂，比花瓣短；中裂片倒卵形，先端具短尖，唇盘具4个褐色斑点

图1-17　大黄花虾脊兰

和3条肉质脊突，延伸至中裂片中部，末端三角形隆起；侧裂片长圆形，伸展，先端钝；距圆筒形，先端钩状。花期3～5月。

图 1-18 钩距虾脊兰

1.2.17 翘距虾脊兰（*Calanthe aristulifera*）

假鳞茎近球形，具3枚鞘和2~3枚叶。叶在花期尚未展开，纸质，倒卵状椭圆形或椭圆形，背面密被短毛。花莛1~2个，出自假茎上端，高出叶外，密被短毛；总状花序，疏生约10朵花；花白色或粉红色，有时白色带淡紫色，半开放；中萼片长圆状披针形，侧萼片斜长圆形，被毛；花瓣狭倒卵形或椭圆形，比萼片稍短，先端近锐尖，具3条脉，无毛；唇瓣的轮廓为扇形，与整个蕊柱翅合生，3裂；侧裂片近半圆形，中裂片扁圆形，先端稍凹具细尖，边缘稍波状，唇盘具3~5条肉质脊突，中裂片近先端隆起呈三角形；距圆筒形，内外均被毛。花粉团棒状，每群中有2个较小；黏盘近椭圆形。花期2~5月（图1-19）。

1.2.18 剑叶虾脊兰（*Calanthe davidii*）

植株聚生。无明显的假鳞茎和根状茎。具数枚鞘和3~4枚叶。叶在花期全部展开，剑形或带状，两面无毛。花莛出自叶腋，直立，粗壮，密被细花；花序之下疏生数枚紧贴花序柄的筒状鞘；鞘膜质，无毛；总状花序，密生许多小花；花黄绿色、白色或有时带紫色；萼片和花瓣反折；萼片相似，

图 1-19　翘距虾脊兰

近椭圆形，花瓣狭长圆状倒披针形，与萼片等长，具3条脉；唇瓣的轮廓为宽三角形，与整个蕊柱翅合生，3裂；侧裂片长圆形、镰状长圆形至卵状三角形，先端斜截形或钝；中裂片先端2裂；唇盘在两侧裂片之间具3条等长或中间1条较长的鸡冠状褶片；距圆筒形，镰刀状弯曲，比花梗和子房短或稍长。花期6～7月（图1-20）。

图 1-20　剑叶虾脊兰

1.2.19　葫芦茎虾脊兰（*Calanthe labrosa*）

我国虾脊兰属中唯一的一个秋季落叶的种类。植株无根状茎。假鳞茎聚生，卵球形或卵状圆锥形，中部常缢缩呈葫芦状。花葶从茎的基部侧旁抽出，直立，密被白色长柔毛；总状花序，疏生3~10朵花；萼片和花瓣淡粉红色，多少反卷，萼片背面密被长柔毛；唇瓣宽卵形，多少3裂，侧裂片白色带许多紫红色斑点和淡粉红色条纹，围抱蕊柱，边缘多少具皱褶；中裂片近半圆形，边缘具皱褶；唇盘白色，基部具3条纵向脊突；距浅黄色，纤细，外面密生长柔毛；蕊柱紫红色，粗短；花粉团倒卵球形，等大，具短的花粉团柄；黏盘狭三角形，药帽浅黄色，半球形，先端稍收狭并呈截形。花期11~12月（图1-21）。

图1-21　葫芦茎虾脊兰

1.3　虾脊兰属植物研究现状

　　作为一种既可观花又可观叶的兰科花卉，虾脊兰拥有很高的资源利用率和开发潜力，深受国内外兰花爱好者的欢迎。虾脊兰植物的花和叶都有很高的观赏性，通过杂交可以培育出新的品系。虾脊兰属内种间杂交比较容易成功，1853年，Dominili将三褶虾脊兰和长距虾脊兰（*Calanthe sylvatica*）成功进行人工杂交并于翌年开花，这是世界上兰科植物第一个杂交成功并开花的案例。此外，还有少数的一些属间杂交种，大多在鹤顶兰亚族中相近的属间进行。目前，在国外虾脊兰属植物已经培育了许多人工杂交种。

　　近年来，国内外对虾脊兰属植物在分类鉴别、资源调查、遗传多样性、化学与药用价值、快速繁育以及引种驯化、组织培养等方面进行了研究。虾脊兰属植物种子离体培养研究中，对种子萌发最适培养基、生根诱导培养基、外源激素和添加物以及培养条件如光照、温度等进行了较为广泛的研究。剑叶虾脊兰、银带虾脊兰、三褶虾脊兰、三棱虾脊兰（Toshinari et al.，2010）的种子都已经在离体条件下的培养基中成功萌发并形成幼苗。黄宝华（2009）对我国15种野生虾脊兰进行引种栽培，发现15种野生虾脊兰种质资源中有10种在漳州百花村的苗圃引种表现良好，其中银带虾脊兰、钩距虾脊兰、长距虾脊兰、三褶虾脊兰和叉唇虾脊兰综合适应能力最强，在出苗率、生长势及抗病性等方面均表现良好。

目前，国内对虾脊兰属核型的报道有三褶虾脊兰（$2n=38$）和虾脊兰（$2n=40$）（冷青云 等，2008），国外对该属染色体数目的报道主要有泽泻虾脊兰（*Calanthe alismaefolia*）（$2n=44$）、二裂虾脊兰（*C. biloba*）（$2n=38$）、肾唇虾脊兰（$2n=48$）、*C. chloroleuca*（$2n=56$）、西南虾脊兰（*C. herbacea*）（$2n=44$）、长距虾脊兰（$2n=52$）、镰萼虾脊兰（$2n=42$）、三棱虾脊兰（$2n=42$）、钩距虾脊兰（$2n=40$）以及二列叶虾脊兰（$2n=40$）等（Roy et al.，1972）。可见虾脊兰属种间染色体数目变异范围较大。染色体数目进化的趋势主要是由于中部着丝粒型染色体和端部着丝粒型染色体在异染色质集中的着丝粒或靠近着丝粒的不稳定部位发生了染色体断裂或融合，从而使得染色体数目发生变化，且一般来说属内染色体数目较多的种为更进化类型。造成染色体这种进化趋势的具体原因目前还不是很清楚，环境的选择压力可能是重要的原因之一。Cozzolino等（2004）通过对地中海的一些兰花染色体数目和不对称系数的研究表明，染色体变化程度较大的种类往往是所处的生境较为恶劣且是孤立的小种群，可能这种数目的变化造成的基因重组的多样化有利于增加其遗传多样性，从而提高对生存环境的适应能力。

基于遗传多样性和亲缘关系的基础研究，是培育虾脊兰属植物新品种的前提。Consolata等（2022）对6种虾脊兰属和2种鹤顶兰属（*Phaius*）植物进行了比较基因组学和系统发育分析，为研究兰科物种之间的进化关系和群体遗传学奠定了基础。蒋明等（2018）对11种虾脊兰属植物进行测序，发现其rDNA ITS序列信息位点非常丰富，对其后续分子鉴定方面研究具有重要意义。Chung 等（2012）用等位酶电泳技术，发现虾脊兰（*Calanthe discolor*）（$P=88.2$，$H=0.244$）、大黄花虾脊兰（$P=76.5$，$H=0.293$）、反瓣虾脊兰（$P=47.1$，$H=0.180$）的物种遗传多样性均高于兰科植物等位酶多样性的平均值，并从保护遗传学的角度分析，反瓣虾脊兰需被列为特别关注和保护的对象。Kim 等（2013）利用32对AFLP引物对4种虾脊兰植物，即大黄花虾脊兰、虾脊兰、双色虾脊兰（*Calanthe bicolor*）和翘距虾脊兰进行扩增，共产生2761个条带，其中大黄花虾脊兰多样性条带百分数为42.3%，虾脊兰51.6%，双色虾脊兰70.0%。并从遗传距离推断出翘距虾脊兰与另外3种虾脊兰属植物的亲缘关系较远，此结论被Srikanth等（2013）采用的RAPD、ISSR和AFLP多重分子标记试验所证实。

　　虾脊兰属植物种子极小，缺乏胚乳，自然状态下萌发率极低，在其整个生长发育过程中均需要内生真菌的帮助，但目前关于虾脊兰属植物内生真菌多样性方面研究较少。仅Luang等（2022）对大黄花虾脊兰真菌多样性进行了研究，发现胶膜菌科（Tulasnellaceae）、曲霉科（Aspergillaceae）和白蘑科（Tricholomatacae）为大黄花虾脊兰优势真菌，且根系附近的真菌群落相对稳定并呈现出季节变化；李晓芳等（2021）对5种虾脊兰菌根的显微结构进行观察，阐述了菌根真菌从通道细胞侵入并在皮层区域定殖的过程；Park等（2018）对韩国6种虾脊兰属植物根系相关真菌的ITS区序列进行分析发现，不同的物种和生境真菌多样性存在显著变化。

　　另外，虾脊兰属植物也具有较高的药用价值。李丹平等（2009）通过野外实地调查及根据鄂西土家族对虾脊兰属植物药用植物的药用经验归纳整理，发现多种野生虾脊兰的假鳞茎、假茎和根茎有活血散结、解毒消肿、止痛的作用。捣烂用菜油浸泡，取其汁液涂抹患处可治疗痔疮。台湾虾脊兰中可提取出对多种癌细胞，如前列腺癌细胞、肺癌细胞、结肠癌细胞、鼻咽癌细胞、乳腺癌细胞等有显著抑制作用的化合物。Murakami等（2001）对虾脊兰进行研究，发现了有毛发再生及促进皮肤血液循环作用的有效物质和具有促进皮肤血流的化合物。另外，虾脊兰植物中还有抗白血病的有效药物成分。在虾脊兰属植物中还发现具有抗炎、抗菌、抗毒素等作用的生物碱存在（关璟 等，2005）。

　　虾脊兰植物具有较好的应用前景，可作为盆花、切花或园林造景。一些种类的虾脊兰如翘距虾脊兰、肾唇虾脊兰等，植株叶形佳，花朵小巧玲珑，姿态优美，花期长，适合作为盆花。作为盆栽，可单株或多株组合应用，亦可组合其他观叶植物制成盆栽摆饰，是极佳的室内盆花种类。中华虾脊兰等的花梗长达70~90cm，可作鲜切花，配合保鲜处理花期长达2~3周，可搭配其他花材制作成花艺作品。另外，一些虾脊兰耐寒性及耐阴性强，可种植于休闲场所或公园内，进行林下丛植、列植或片植，也可点缀庭院树下、墙角等，也可装饰花坛中心或花境，与其他观叶观花类草本植物混植营造特色景观。

　　整体来说，虽然我国具有丰富的虾脊兰种质资源，但由于虾脊兰在我国的栽培历史较短，因此目前虾脊兰的栽培还没有得到重视，虾脊兰的杂交育种和新品种的开发利用也还比较滞后，该属中大多种质资源仍旧处于野生状态，尚未形成对虾脊兰整体的种质资源综合利用的系统研究。

1.4 虾脊兰属花色多样性分析

虾脊兰属植物花色丰富，对其花色成分进行研究，可以为明确虾脊兰花色成分合成和调控的分子机制奠定基础，也为虾脊兰的花色育种及资源开发提供参考。

1.4.1 虾脊兰花色表型分析

采集新鲜花朵测定其花色，花色测定按照国际照明委员会制定的CIE $L^*a^*b^*$ 表色系法，用分光色差仪测定花色的明度 L^* 值、色相 a^* 值、色相 b^* 值、彩度 C^* 和色调角 h。CIE $L^*a^*b^*$ 体系中，L^* 值表示花色的明度，随 L^* 值增大花色由暗变亮；色相 a^* 值表示花色的红绿变化，由负到正说明绿色减退、红色增强；色相 b^* 值表示花色的黄蓝变化，由负到正蓝色减退、黄色增强；彩度 C^* 表示色彩的鲜艳程度，C^* 值越大，颜色越深；色调角 h 是对红、橙、黄、绿、青、蓝、紫7种颜色色调的描述。花色测定位置为花朵显色较明显且均匀的部位，光源为 $C/2°$（室内日光）。每个样品测量5朵花的花色，取平均值。

根据比色卡结合视觉感官分类，将12种虾脊兰分为4类色系群，银带虾脊兰为白色系，流苏虾脊兰、中华虾脊兰、钩距虾脊兰和翘距虾脊兰为紫色系，肾唇虾脊兰、三棱虾脊兰和峨边虾脊兰为绿色系，虾脊兰、无距虾脊兰、叉唇虾脊兰和细花虾脊兰为紫褐色系。叉唇虾脊兰的萼片、花瓣、唇瓣皆不同，且主要观测的萼片内外颜色也有差异，外侧为黄绿色（6A），靠花瓣内侧为紫褐红色（53A）（表1-5）。

表1-5 多种虾脊兰花色表征

种类	RHSCC	L^*	a^*	b^*	c^*	h^*	色系群
流苏虾脊兰	75B	78.24 ± 2.11	3.55 ± 1.06	-4.54 ± 0.88	5.77 ± 1.34	307.32 ± 3.11	紫色
银带虾脊兰	155C	74.36 ± 2.98	-8.88 ± 0.32	24.16 ± 1.46	25.75 ± 1.47	110.20 ± 0.55	白色
肾唇虾脊兰	145C	77.01 ± 0.24	-7.17 ± 0.32	29.46 ± 1.18	30.81 ± 0.74	103.45 ± 0.28	绿色
虾脊兰	77A	37.41 ± 3.15	10.62 ± 0.85	7.03 ± 0.80	12.75 ± 1.06	33.45 ± 2.33	紫褐色
中华虾脊兰	N74B	48.99 ± 0.96	22.68 ± 0.38	-25.24 ± 0.24	33.93 ± 0.26	311.93 ± 0.63	紫色
三棱虾脊兰	149B	56.12 ± 1.96	-4.12 ± 1.38	43.34 ± 0.18	43.56 ± 0.05	95.44 ± 1.84	绿色
无距虾脊兰	60A	59.66 ± 0.26	6.83 ± 0.27	4.89 ± 0.39	8.41 ± 0.35	35.58 ± 2.28	紫褐色
峨边虾脊兰	N144B	55.07 ± 0.42	-11.70 ± 0.22	36.80 ± 1.70	38.85 ± 1.37	107.56 ± 0.94	绿色
钩距虾脊兰	51AB	71.25 ± 1.74	4.94 ± 0.85	35.43 ± 5.35	35.79 ± 5.36	81.99 ± 1.24	紫色

续表

种 类	RHSCC	L^*	a^*	b^*	c^*	h^*	色系群
叉唇虾脊兰	6A/53A.	56.88 ± 1.24	-5.09 ± 0.83	38.68 ± 1.30	39.02 ± 1.36	97.47 ± 1.07	紫褐色
细花虾脊兰	59A	62.91 ± 2.50	5.69 ± 0.43	-3.22 ± 0.42	6.54 ± 0.58	330.64 ± 1.36	紫褐色
翘距虾脊兰	69C	74.28 ± 1.94	4.49 ± 0.66	6.73 ± 0.83	8.12 ± 0.80	56.15 ± 4.80	紫色

1.4.2　虾脊兰花器官花色素含量分析

使用高效液谱检测虾脊兰的花青苷成分，对花色素含量进行定性定量分析。用天平称取虾脊兰花朵样品2g，加入液氮快速研磨成粉末，再加入盐酸化甲醇提取液5mL，黑暗处浸提24h后用0.22μm孔径滤膜过滤，装入规格为2mL的进样瓶中保存至-20℃冰箱。后尽快使用高效液相色谱对花瓣中花青苷成分进行定性与定量分析。标样为Cy3G标准品（上海源叶科技公司），利用标物半定量法计算花青苷总含量。计算公式：色素含量=[（样品峰面积/标样峰面积）标样浓度×提取液量]/样品重量。

如图1-22所示，从色谱运行到9.863min开始，虾脊兰的HPLC图谱出现了8个明显的分离的色谱峰，其中第5个峰和第7个峰较高，表示这2种花青苷成分含量也较多。

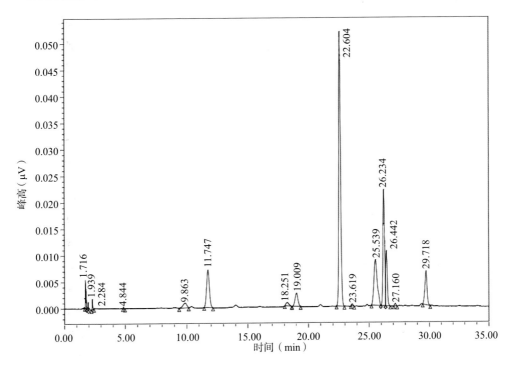

图 1-22　虾脊兰花青苷的 HPLC 图谱

　　表1-6为虾脊兰花青苷的HPLC图谱的主要特征峰峰高与峰面积。根据标样计算虾脊兰花青苷总含量为0.058μg/g。

　　由图1-23可见，细花虾脊兰的HPLC图谱较为杂乱，杂峰较多，许多峰未分离开来。较为明显的峰大概有14个。表1-7为细花虾脊兰HPLC图谱的主要特征峰峰高与峰面积。根据标样计算花青苷总含量为0.513μg/g。

表 1-6　虾脊兰色谱峰结果

峰　号	保留时间（min）	面积（μV·min）	峰高（μV）	面积百分比（%）
1	9.863	19780	917	0.94
2	11.747	112959	7097	5.40
3	19.009	41710	2461	1.99
4	22.604	541895	51859	25.89
5	25.539	165549	8625	7.91
6	26.234	211981	21958	10.13
7	26.442	93935	10404	4.47
8	29.718	79781	6417	3.81

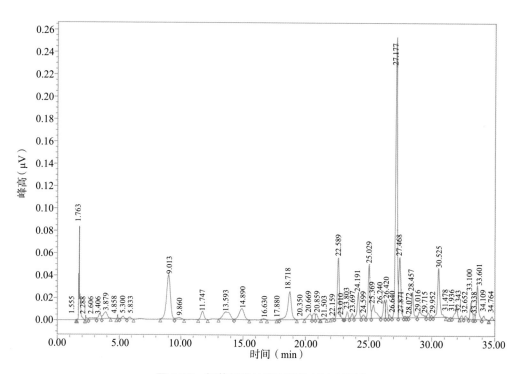

图 1-23　细花虾脊兰花青苷的 HPLC 图谱

表 1-7　细花虾脊兰色谱峰结果

峰　号	保留时间（min）	面积（μV·min）	峰高（μV）	面积百分比（%）
1	1.763	378692	83868	3.39
2	9.013	862094	39630	7.73
3	11.747	117138	7119	1.05
4	13.593	254109	6402	2.28
5	14.89	279254	9847	2.50
6	18.718	527988	24947	4.73
7	22.589	584309	54084	5.24
8	24.191	265804	23170	2.38
9	25.029	486979	48096	4.37
10	27.177	2405359	250441	21.56
11	27.468	618934	53772	5.55
12	28.457	252437	22652	2.26
13	30.525	544287	43526	4.88
14	33.601	332550	30064	2.98

　　由图1-24可见，钩距虾脊兰的HPLC图谱中分离出较为明显的峰12个。表1-8为钩距虾脊兰HPLC图谱的主要特征峰峰高与峰面积。根据标样计算花青苷总含量为0.078μg／g。

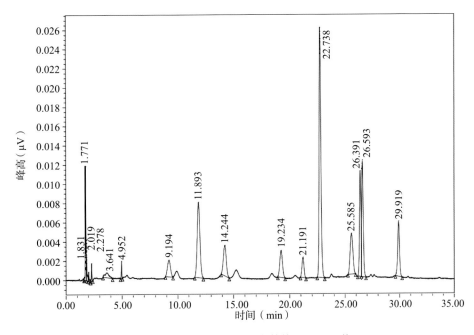

图 1-24　钩距虾脊兰花青苷的 HPLC 图谱

表 1-8　钩距虾脊兰色谱峰结果

峰　号	保留时间（min）	面积（μV·min）	峰高（μV）	面积百分比（%）
1	1.771	48514	11918	2.87
2	4.952	5107	1799	0.30
3	9.194	32578	1741	1.93
4	11.893	133945	7861	7.93
5	14.244	58103	3213	3.44
6	19.234	47126	2817	2.79
7	21.191	25983	2116	1.54
8	22.738	281184	26044	16.64
9	25.585	73854	4276	4.37
10	26.391	104271	11015	6.17
11	26.593	119119	12153	7.05
12	29.919	66401	5778	3.93

由图1-25可见，无距虾脊兰的HPLC图谱后半段较为杂乱，许多峰未分离开来，同时花青素的浓度较低。较为明显的峰大概有15个。

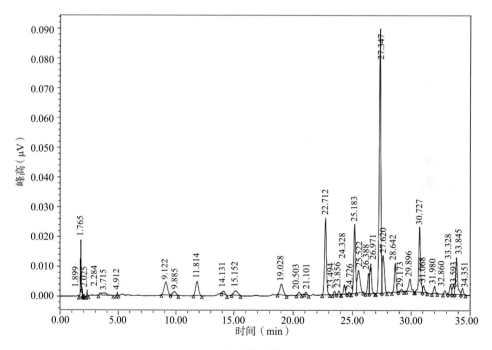

图 1-25　无距虾脊兰花青苷的 HPLC 图谱

表1-9为无距虾脊兰HPLC图谱的主要特征峰峰高与峰面积，在27.347min时出现了最高峰。根据标样计算花青苷总含量为0.187μg/g，高于虾脊兰和钩距虾脊兰，低于细花虾脊兰。

表 1-9　无距虾脊兰色谱峰结果

峰　号	保留时间（min）	面积（μV·min）	峰高（μV）	面积百分比（%）
1	1.765	80403	18897	1.97
2	9.122	87379	4295	2.14
3	11.814	79002	4701	1.94
4	19.028	67124	3572	1.65
5	22.713	275603	25661	6.76
6	25.183	234954	23132	5.77
7	25.522	125215	7491	3.07
8	26.388	61470	6743	1.51
9	26.571	110493	9919	2.71
10	27.347	853344	88710	20.94
11	27.62	161627	12538	3.97
12	28.642	97051	9667	2.38
13	29.896	62657	4342	1.54
14	30.727	235914	21820	5.79
15	33.845	141138	12322	3.46

　　高效液相色谱分析紫色系虾脊兰，在虾脊兰、细花虾脊兰、钩距虾脊兰和无距虾脊兰中分别分离出8个、14个、12个和15个特征峰，花青苷含量分别为0.058μg/g、0.512μg/g、0.077μg/g和0.187μg/g。钩距虾脊兰和无距虾脊兰感官上颜色更深，花中的花色素种类也更为丰富，但虾脊兰的总色素含量低于细花虾脊兰。其余色系虾脊兰在高效液谱分析花色素中含量极低，花青素含量极少，因此未能在高效液相色谱中得到清楚的图谱。

1.4.3　兰花花色相关研究情况

　　花青素的生物合成途径是类黄酮合成途径的一个分支，是目前植物次生代谢物途径中被研究得最广泛的课题。作为水溶性色素，花青素颜色从橙色、粉色、红色、紫色、蓝色、青色、褐色到黑色。迄今为止，已经广泛研究和表征了数百种花青素，它们最初基于6种常见的花青素（花青素的发色团），即矮牵牛素、天竺葵素、飞燕草素、花青素、锦葵素和牡丹素（于晓南 等，2002）。因此，花青素和重要相关基因的合成路线在一些模式和非模式植物中得到了充分的研究和表征。

兰花的花色素主要有类黄酮、类胡萝素及叶绿素，其中类黄酮（花青素）的存在最为广泛。研究表明，兰科植物中的花色素主要是矢车菊素、天竺葵素和芍药花素（Zhang et al.，2020）。卡特兰属（*Cattleya*）红色品种中含有矢车菊素，蝴蝶兰中常见的几大类花青素类型几乎都有，粉红色品种中含天竺葵素。万代兰（*Vanda mimi*）紫蓝色和红紫色花中主要含有飞燕草素和矢车菊素；鼓槌石斛（*Dendrobium chrvsotoxum*）绿色露色期和黄色盛开期的花瓣中一共检测到了8种类胡萝卜素成分，包括隐黄质、紫黄质和叶黄素等（黄昕蕾，2018）。文心兰（*Oncidium hybridum*）唇瓣的主要色素成分为紫黄质、新黄质和叶黄素（Chiou et al.，2008）。

花青素来源于黄酮类生物合成途径，其生物合成分为三个阶段。第一阶段是苯丙氨酸和苯丙烷代谢，与其他次级代谢共享。第二阶段是类黄酮代谢，是花青素生物合成的关键。查尔酮合酶（CHS）是产生查尔酮的第一个关键酶，查尔酮是所有类黄酮的前体。随后，查尔酮与柚皮素的酶促反应由查尔酮异构酶（CHI）催化，随后由黄烷酮3-羟化酶（F3H）转化为二氢山奈酚（DHK）。最后一步涉及黄酮3'-羟化酶（F3'H）和黄酮3'-5'羟化酶（F3'5'H），分别对应二氢槲皮素（DHQ）和二氢杨梅素（DHM）。第三阶段是花青素代谢，包括由二氢黄酮醇还原酶（DFR）和花青素合酶（ANS）催化的两个限速反应。产生飞燕草素、天竺葵素和花青素，通过UDP-葡萄糖苷进行糖基化或甲基化等多种修饰。

近年来，关于植物花青素生物合成的调控机制研究还在不断增多。主要涉及3种转录因子MYB、bHLH和WD40，它们以三元复合体的形式存在并协同作用，控制植物器官成色（Gu et al.，2019）。bHLH家族成员具有基本的螺旋—环—螺旋的保守结构域，Lc参与玉米组织特异性花青素色素沉着，是第一个被分离的植物bHLH蛋白。bHLH蛋白需要MYB蛋白伴侣才能发挥作用，两者共同决定了调控复合体的特异性。植物MYB蛋白是转录调节因子，大多数属于R2R3家族。WD40重复蛋白是一个古老的家族，存在于所有被分析过的真核生物基因组中。其中MYB对花青素的产生起到了重要作用，R2R3-MYB功能分化推动了花青素合成的调节（Liu et al.，2015）。

调控基因对兰花花色形成非常重要。在花瓣和萼片中无花色素的白色蝴蝶兰（*Phalaenopsis* 'Jung Fraudos Pueblos'）中未检测到特异调控花青素的*MYB*基因，发现内源性MYB或bHLH花青素调节因子的表达模式减少或改变是兰花花色淡的常见原因。Chiou等（2008）发现在文心兰中*OgMYB1*在红色花瓣和萼片中表达，在黄色唇瓣中未发现表达，通过向黄色唇瓣中微粒轰击*OgMYB1*的瞬时表达能激活*OgCHI*和*OgDFR*启动子，出现红色斑点。向大花蕙兰（*Cymbidium hybrid*）中微粒轰击转入玉米Lc（bHLH）也能产生红色斑点。在小兰屿蝴蝶兰中鉴定出了3种R2R3-MYB转录因子，发现*PeMYB2*、*PeMYB11*和*PeMYB12*能够激活花青素合成基因*PeF3H5*、*PeDFR1*和*PeANS3*的表达，且分别参与了萼片和花瓣红色素积累、红色斑点以及脉序图案的形成，而唇瓣中底色和斑点的着色则由*PeMYB12*和*PeMYB11*决定（Hsu et al.，2015）。之后的研究还证明了玉山珍珠蝴蝶兰（*Phalaenopsis* 'Yushan Little Pearl'）黑色花朵所含有的深紫色斑点和各种色素积累所形成的图案是R2R3-MYB中*PeMYB11*基因的高表达所产生，3种*PeMYB*的组合表达有助于不同色素沉着强度和图案的蝴蝶兰花色图案的丰富自然变化，同时表达受到bHLH和花朵形态特征的影响（Hsu et al.，2019）。Wang等（2022）发现了一个新的亚组R2R3-MYB转录因子*PeMYB4L*，通过直接影响类黄酮途径的第一步增强蝴蝶兰中花青苷的积累，此外，*PeMYB4*与*PeMYC4*形成MYB-bHLH复合体，从而调控下游靶标*PeCHS*的表达，进而调控蝴蝶兰花色。

　　在花青素的转录调控中，R2R3-MYBs和bHLH总是共同作用，在R2R3-MYBs的下游调控中，bHLH可能同时起到激活和抑制的作用。Ma等（2008）发现蝴蝶兰转录因子*Myb*和*Myc*（bHLH）在中花青素的合成过程中必须同时存在，但花素产生量可能受表达水平的影响。在大花蕙兰中转入同一个bHLH和不同的*Mybs*、*AaMYB1*、*An2*、*Rosl*产生花青素的细胞数量不同（Albert et al.，2010）。WD40类转录因子通过与MYB、bHLH相互作用形成的复合体来参与植物中花青素的积累及颜色的形成。还有研究表明，植物ABP上的结构基因受到MYB、bHLH和WD40互作形成的MBW转录复合体的调控，具体还有待进一步更深入地研究。

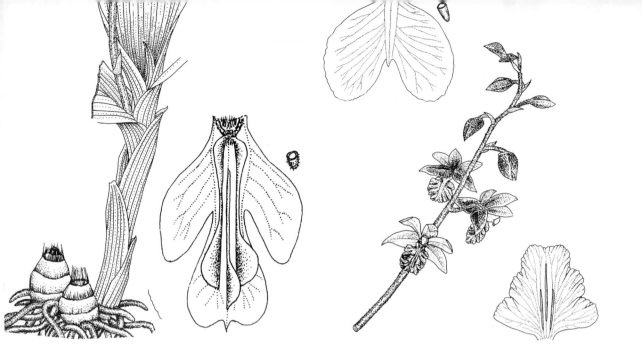

第 2 章
虾脊兰属植物花香研究

我国栽培兰花已有两千多年的历史，无论是春兰、惠兰，还是建兰、墨兰，均为兰科兰属，其叶修长，其花芬芳，以端庄秀雅的气质为世人所喜爱，并被赋予高洁典雅的品格。古人对兰花颇有偏好，通常以"兰章"喻诗文之美，以"兰交"喻友谊之真。"不见其花，先闻其香"这是古人对兰花的赞赏，兰花自古便有着"王者香"的美名，受到世人的喜爱，同时兰香也成为中华民族传统香文化的重要组成部分。国兰品种花香清雅、浓淡皆宜，如广受市场欢迎的春兰'余蝴蝶'、建兰'富山奇蝶'等，其花姿奇特，花香独特诱人，观赏价值很高。对于野生兰花而言，花香不仅提高了植物的观赏价值，还能吸引传粉者，从而在传粉生物学中起重要作用。另外，植物的花香除了观赏价值之外还有其他用途，包括药用、食用、美护和芳香疗愈等经济价值。

花香是植物挥发性物质的重要组成部分，主要由低分子量的具有挥发性的复杂分子混合物组成，包括萜烯类、苯基/苯丙烷类和脂肪酸及其衍生物等。不同兰科植物花朵中的主要香气成分不同。在蝴蝶兰（*Phalaenopsis aphrodite*）中萜烯类成分相对含量占比最高（杨淑珍 等，2008），贝莉娜蝴蝶兰（*Phalaenopsis bellina*）的花香成分含有丰富的单萜类物质，包括香叶醇和沉香醇及它们的衍生物（Hsiao et al.，2006）。与此不同，在无香桃红蝴蝶兰（*Phalaenopsis equestris*）中没有检测到萜烯类化合物，主要挥发性物质成分为人的嗅觉几乎感受不到的的脂肪酸类和苯基/苯丙烷类（Hsiao et al.，2011）。吕素华等（2016）分析了11个铁皮石斛（*Dendrobium officinale*）杂交家系的

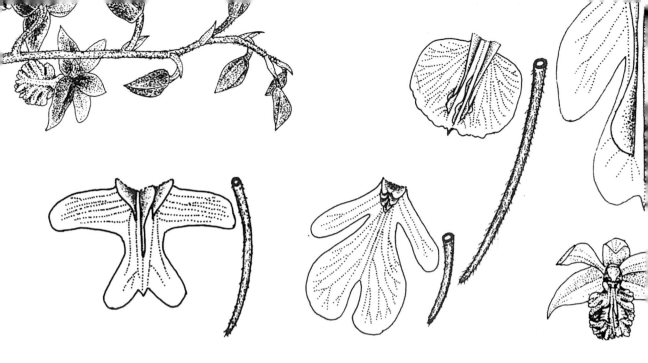

挥发性成分，认为萜烯类、酯类、醇类和醛类组分对石斛的花香起着十分重要的作用。格罗兰花（*Grobya amherstiae*）的主要香味成分是脂肪酸类物质，奇唇兰属（*Stanhopea*）花的花香成分主要是萜烯类化合物（Reis et al., 2004）。烯醇类和酯类物质对大花蕙兰的香气浓淡有重要影响，醇类物质和萜烯类物质对春兰（*Cymbidium goeringii*）花香贡献最大（杨慧君 等，2011）。在鼓槌石斛和细叶石斛（*Dendrobium hancockii*）挥发性物质中α-蒎烯（萜烯类）含量最高；密花石斛（*Dendrobium densiflorum*）则以烷烃类为主（李崇晖 等，2015）。黄兰（*Cephalantheropsis obcordata*）和鼓槌石斛在盛花期的浓郁花香主要以萜烯类和酯类为主（蒋冬月 等，2012）。在万代兰中罗勒烯、芳樟醇和苯乙酸乙酯含量最高（Mohd-Hairul et al., 2010）。不同的花香成分可以带来不同的感官体验。例如，α-蒎烯具有强烈的松香，且嗅感阈值不高，较低的浓度便可以让人得到明显的嗅觉体验；D-柠檬烯（D-Limonene）具有酸甜的柑橘类香气；茉莉酮有浓厚的茉莉花香；水杨酸等酯类香气浓烈持久；芳樟醇具有青中带甜的青草味道，香气清甜（杨慧君，2011），也被发现是普遍存在于有香兰花中的花香成分。

在过去的三十年中，随着分子生物学技术的突飞猛进，植物花香研究领域获得了越来越多的关于花香成分和生物合成的新认识，越来越多的研究报道了分离和表征参与不同花香成分合成途径的基因以及控制这些途径的调控网络。这些研究成果增强了人们对植物挥发性化合物如何合成的理解，同时对于芳香新品种的选育工作具有重要的理论意义。

本章节采用顶空固相微萃取气相质谱和色谱联用技术（HS-SPME-GC-MC）对虾脊兰属植物花香成分进行定性定量研究及转录组测序分析，为兰科植物花香研究增加基础性研究资料与参考。

2.1　虾脊兰花香的感官评价

以9个虾脊兰原生种为研究对象，即虾脊兰、细花虾脊兰、流苏虾脊兰、叉唇虾脊兰、肾唇虾脊兰、无距虾脊兰、峨边虾脊兰、钩距虾脊兰和翘距虾脊兰，对不同种虾脊兰进行香气感官评价。将香气浓度分为 0.0、0.5、1.0、1.5、2.0 5个香气值，值越高，香气浓度越大（表2-1）。

表 2-1　虾脊兰花朵花香感官评价

种	花香类型	香气值
峨边虾脊兰		2.0
肾唇虾脊兰	浓香型	2.0
叉唇虾脊兰		2.0
虾脊兰		1.0
钩距虾脊兰	清香型	1.5
流苏虾脊兰		1.0
翘距虾脊兰		0.5
无距虾脊兰	幽香型	0.5
细花虾脊兰		0.5

根据香气浓淡评价香气值，峨边虾脊兰、肾唇虾脊兰和叉唇虾脊兰香气值均在2.0以上，感官体验描述为浓香型。肾唇虾脊兰和峨边虾脊兰香气芬芳，沁人心脾。叉唇虾脊兰同为浓香型，但其浓郁的香味中有苦涩味道。虾脊兰、钩距虾脊兰和流苏虾脊兰为清香型。翘距虾脊兰、无距虾脊兰和细花虾脊兰为幽香型。

2.2　虾脊兰属植物花香成分研究

采用顶空固相微萃取气相质谱和色谱联用技术（HS-SPME-GC-MC）对虾脊兰属植物花香成分进行定性定量研究。于开花期晴天14:00，采摘同种环境条件下生长的不同种虾脊兰盛开期的花朵，选择5株生长状态良好的植物，每株3个重复。每个处理均称取2g，采后30min内进行挥发性物质的测定。将花朵置于萃取瓶中，加入40ng/μL癸酸乙酯25μL，采用顶空固相微萃取技术萃取花香气组成成分，萃取时间30min。色谱条件：HP-5mS石英毛细管柱（30m×0.25mm，0.25μm）；进样口温度250℃；柱温35℃保持2min后进行程序升温（以5℃/min速率升温至80℃，保持1min；以8℃/min速率升温至180℃，保持1min；以8℃/min速率升温至250℃，保持2min）。质谱条件：四级杆温度150℃，离子源温度230℃，接口温度280℃；EI离子源，电离能量70eV，质量扫描范围30~500amu。各组分质谱经计算机NIST谱库检索及资料分析，再结合人工谱图解析，查阅文献，确认各化学成分，依据总离子流各色谱峰平均峰面积（丰富度），并通过面积归一化法，计算各花香组分的相对百分比含量进行分析。

2.2.1 花香成分分析

结果见表2-2、表2-3和表2-4，在翘距虾脊兰、峨边虾脊兰、肾唇虾脊兰、无距虾脊兰、钩距虾脊兰、流苏虾脊兰、虾脊兰、叉唇虾脊兰和细花虾脊兰中分别发现82种、85种、76种、55种、78种、35种、71种、74种和52种花香成分，包括萜烯类、醇类、酯类、酮类、酚类、醚类、醛类、烷烃类、芳香烃类和其他类。

萜烯类成分包括D-柠檬烯、芳樟醇（Linalool）、桉树油（Eucalyptol）、茉莉酮（Jasmone）、石竹烯（Caryophyllene）、金合欢烯（Farnesene）、橙花醇（Nerolidol）、菖蒲烯（Calamenene）等66种。酯类包括水杨酸乙酯（Ethyl salicylate）、苯丙酸乙酯（Benzenepropanoic acid，ethyl ester）、乙酸香叶酯（Geranyl acetate）、十一烷酸乙酯（Undecanoic acid，ethyl ester）、十六烷酸乙酯（Hexadecanoic acid，ethyl ester）等26种。醇类包括1-已醇（1-Hexanol）、1-庚醇（1-Heptanol）、3-辛醇（3-Octanol）、苯乙醇（Phenylethyl Alcohol）等16种。酮类包括3-辛酮（3-Octanone）、苯乙酮（Acetophenone）、2-壬酮（2-Nonanone）等6种。酚类包括二丁基羟基甲苯（Butylated Hydroxytoluene）、2-（1,1-二甲基乙基）-苯酚（2-（1,1-dimethylethyl，Phenol））2种。醚类包括1-甲氧基-4-甲基苯（1-methoxy-4-methyl-Benzene）、1,4-二甲氧基苯（1,4-dimethoxy-benzene）、n-丁基醚（n-Butyl ether）3种。醛类包括苯甲醛（Benzaldehyde）、壬醛（Lilac aldehyde A）、丁香醛A（Nonanal）等5种。

芳香烃类包括1-甲基乙基-苯（1-methylethyl-benzene）、1-甲基-3-丙基-苯（1-methyl-3-propyl-benzene）、1-乙基-2,4-二甲基-苯（1-ethyl-2,4-dimethyl-Benzene）等5种。烷烃类包括十二烷（Dodecane）、6-十三烯（6-Tridecene）、

表 2-2 峨边虾脊兰、肾唇虾脊兰和翘距虾脊兰花朵花香成分含量统计

序号	保留时间(min)	化合物	峨边虾脊兰			肾唇虾脊兰			翘距虾脊兰		
			峰面积(μV·min)	相对含量(%)	癸酸乙酯当量(μg/g)	峰面积(μV·min)	相对含量(%)	癸酸乙酯当量(μg/g)	峰面积(μV·min)	相对含量(%)	癸酸乙酯当量(μg/g)
1	10.58	2-甲基丁酸乙酯	2563613	1.12	0.009	—	—	—	—	—	—
2	10.91	(E)-4-己烯-1-醇	513245	0.22	0.002	—	—	—	—	—	—
3	11.02	(Z)-3-己烯-1-醇	264431	0.12	0.001	—	—	—	—	—	—
4	11.38	1-己醇	6716971	2.93	0.025	348242	0.10	0.001	—	—	—
5	14.03	1-甲基乙基苯	—	—	—	—	—	—	2915424	0.26	0.013
6	14.17	4-甲基-1-(1-甲基乙基)双环[3.1.0]己烷	—	—	—	—	—	—	2121206	0.19	0.009
7	14.61	α-蒎烯	—	—	—	—	—	—	49063605	4.30	0.219
8	14.72	巴豆酸乙酯	—	—	—	678407	0.20	0.003	—	—	—
9	15.52	莰烯	—	—	—	—	—	—	184719	0.02	0.001
10	16.39	烷基醇	—	—	—	234289	0.07	0.001	—	—	—
11	16.40	3,7-二甲基,1-辛烯	—	—	—	301539	0.09	0.001	—	—	—
12	16.88	1-辛烯-3-醇	—	—	—	2600835	0.76	0.01	4527748	0.40	0.02
13	17.10	3-辛酮	438488	0.19	0.002	1864770	0.54	0.007	—	—	—
14	17.31	β-蒎烯	1014759	0.44	0.004	1651050	0.48	0.006	303142325	26.55	1.354
15	17.67	己酸己酯	20944688	9.14	0.077	44031901	12.81	0.168	2055185	0.18	0.009
16	17.99	顺 3-己烯醇甲酸酯	1769117	0.77	0.006	1188559	0.35	0.005	1985379	0.17	0.009
17	18.18	3-乙烯-1,2-二甲基-1,4-环己二烷	16024435	6.99	0.059	2345811	0.68	0.009	1664003	0.15	0.007
18	18.66	α-松油烯	—	—	—	—	—	—	2753309	0.24	0.012

续表

序号	保留时间 (min)	化合物	肾唇虾脊兰 峰面积 (μV·min)	相对含量 (%)	癸酸乙酯当量 (μg/g)	峨边虾脊兰 峰面积 (μV·min)	相对含量 (%)	癸酸乙酯当量 (μg/g)	翘距虾脊兰 峰面积 (μV·min)	相对含量 (%)	癸酸乙酯当量 (μg/g)
19	18.85	4-甲基苯甲醚	—	—	—	611882	0.18	0.002	—	—	—
20	19.04	对伞花烃	446773	0.19	0.002	572266	0.17	0.002	1390190	0.12	0.006
21	19.22	D-柠檬烯	848039	0.37	0.003	1349696	0.39	0.005	130957148	11.47	0.585
22	19.38	桉树油	236895	0.10	0.001	5990813	1.74	0.023	23297673	2.04	0.104
23	19.48	苯甲醇	3065276	1.34	0.011	—	—	—	—	—	—
24	19.88	罗勒烯	—	—	—	42848362	12.47	0.164	417292473	36.54	1.864
25	20.16	1-甲基-3-丙基苯	998822	0.44	0.004	491636	0.14	0.002	—	—	—
26	20.35	1-1-二甲基-2-(3-甲基-1,3-丁二烯基)环丙烷	—	—	—	650741	0.19	0.002	3663841	0.32	0.016
27	20.49	γ-萜品烯	—	—	—	230225	0.07	0.001	4394368	0.38	0.02
28	20.91	苯乙酮	1272208	0.56	0.005	3652754	1.06	0.014	239287	0.02	0.001
29	20.93	1-辛醇	—	—	—	—	—	—	1018406	0.09	0.005
30	21.20	1-乙基-2,4-二甲基苯	226440	0.1	0.001	366411	0.11	0.001	—	—	—
31	21.31	1,2,3,5-四甲基苯	589145	0.26	0.002	1198223	0.35	0.005	1615277	0.14	0.007
32	21.59	1-乙基-3,5-二甲基苯	279830	0.12	0.001	1131424	0.33	0.004	11851834	1.04	0.053
33	21.74	2-壬酮	2240968	0.98	0.008	702992	0.2	0.003	—	—	—
34	21.82	2,4-己二酸乙酯	—	—	—	—	—	—	1205643	0.11	0.005
35	21.95	庚酸乙酯	852372	0.37	0.003	2228680	0.65	0.009	561681	0.05	0.003

续表

序号	保留时间 (min)	化合物	肾唇虾脊兰 峰面积 (μV·min)	相对含量 (%)	癸酸乙酯当量 (μg/g)	峨边虾脊兰 峰面积 (μV·min)	相对含量 (%)	癸酸乙酯当量 (μg/g)	翘距虾脊兰 峰面积 (μV·min)	相对含量 (%)	癸酸乙酯当量 (μg/g)
36	22.14	芳樟醇	3883606	1.69	0.014	54817813	15.95	0.209	16648363	1.44	0.074
37	22.31	壬醛	1987463	0.87	0.007	3315422	0.96	0.013	7298960	0.64	0.033
38	22.65	6-甲基-十三烷	—	—	—	820103	0.24	0.003	355871	0.03	0.002
39	22.74	苯乙醇	—	—	—	—	—	—	278451	0.02	0.001
40	22.99	1,3,8-p-薄荷三烯	493924	0.22	0.002	815787	0.24	0.003	1760104	0.15	0.008
41	23.10	3,7-二甲基-癸烷	—	—	—	517055	0.15	0.002	—	—	—
42	23.34	波斯菊萜	—	—	—	—	—	—	6363375	0.56	0.028
43	23.51	反式-4,5-环氧樹脂	—	—	—	136698	0.04	0.001	—	—	—
44	23.68	(E,Z)-稀烃	—	—	—	685502	0.2	0.003	14798912	1.30	0.066
45	23.78	2,3-二氢-4-甲基-1H-茚	204517	0.09	0.001	667539	0.19	0.003	—	—	—
46	24.13	樟脑	—	—	—	2139818	0.62	0.008	582104	0.05	0.003
47	24.30	4-甲基-十一烷	—	—	—	166888	0.05	0.001	—	—	—
48	24.51	己酸苯甲酯	5957299	2.60	0.022	—	—	—	—	—	—
49	24.60	2-甲氧基-3-(1-甲基丙基)-吡嗪	—	—	—	—	—	—	1206580	0.11	0.005
50	24.73	对苯二甲醛	268123	0.12	0.001	196663	0.06	0.001	524085	0.05	0.002
51	24.80	1-壬醛	—	—	—	531311	0.15	0.002	1078506	0.09	0.005
52	24.89	苯甲酸乙酯	8406207	3.67	0.031	—	—	—	536134	0.05	0.002
53	24.98	丁二酸二乙酯	719114	0.31	0.003	892326	0.26	0.003	1098455	0.10	0.005
54	25.19	4-苯基-2-丁酮	—	—	—	143557	0.04	0.001	2415282	0.21	0.011

续表

序号	保留时间(min)	化合物	肾唇虾脊兰			峨边虾脊兰			翘距虾脊兰		
			峰面积(μV·min)	相对含量(%)	癸酸乙酯当量(μg/g)	峰面积(μV·min)	相对含量(%)	癸酸乙酯当量(μg/g)	峰面积(μV·min)	相对含量(%)	癸酸乙酯当量(μg/g)
55	25.27	(-)-4-萜品烯	1698439	0.74	0.006	—	—	—	—	—	—
56	25.46	丁酸己酯	263121	0.11	0.001	87295	0.03	0.000	114830	0.01	0.001
57	25.58	辛酸己酯	4336956	1.89	0.016	3330106	0.97	0.013	1540048	0.13	0.007
58	25.74	正十二烷	1052255	0.46	0.004	9561852	2.78	0.037	1898733	0.17	0.008
59	25.99	癸醇	1949454	0.85	0.007	2233117	0.65	0.009	—	—	—
60	26.53	顺式-香芹酚	—	—	—	—	—	—	3246153	0.28	0.014
61	27.22	苯乙酸乙酯	—	—	—	129715	0.04	0	—	—	—
62	27.41	(+)-香芹酚(+)	—	—	—	—	—	—	500964	0.04	0.002
63	27.57	顺式-薄荷基-2,8-二烯-1-醇	—	—	—	163427	0.05	0.001	—	—	—
64	27.77	5-丁基二氢-2(3H)-呋喃酮	110019786	48.01	0.403	—	—	—	—	—	—
65	28.01	香叶醛	—	—	—	—	—	—	340714	0.03	0.002
66	28.15	水杨酸乙酯	776715	0.34	0.003	—	—	—	5513222	0.48	0.025
67	28.69	6-十三烯	324669	0.14	0.001	14864226	4.33	0.057	—	—	—
68	28.92	十三烯	337488	0.15	0.001	55370816	16.11	0.211	155412	0.01	0.001
69	29.04	吲哚	524381	0.23	0.002	240443	0.07	0.001	—	—	—
70	29.63	3,3-二乙氧基丙酸乙酯	—	—	—	850538	0.25	0.003	441070	0.04	0.002
71	30.08	黏蒿三烯	—	—	—	—	—	—	449175	0.04	0.002
72	30.37	庚基环己烷	305730	0.13	0.001	273389	0.08	0.001	—	—	—
73	30.47	苯甲酸乙酯	—	—	—	—	—	—	485378	0.04	0.002

续表

序号	保留时间 (min)	化合物	肾唇虾脊兰			峨边虾脊兰			翘距虾脊兰		
			峰面积 (μV·min)	相对含量 (%)	癸酸乙酯当量 (μg/g)	峰面积 (μV·min)	相对含量 (%)	癸酸乙酯当量 (μg/g)	峰面积 (μV·min)	相对含量 (%)	癸酸乙酯当量 (μg/g)
74	30.96	3-甲基-十三烷	510375	0.22	0.002	465273	0.14	0.002	—	—	—
75	31.14	醋酸香叶酯	—	—	—	93553	0.03	0	—	—	—
76	31.22	依兰烯	132142	0.06	0	—	—	—	110464	0.01	0
77	31.28	(+)-环苜蓿烯	162316	0.07	0.001	—	—	—	—	—	—
78	31.40	古巴烯	141587	0.06	0.001	247256	0.07	0.001	421405	0.04	0.002
79	31.52	β-榄香烯	993798	0.43	0.004	—	—	—	260338	0.02	0.001
标样	31.60	癸酸乙酯	48449623	—	—	77007613	—	—	50891837	—	—
80	31.67	B-波旁烯	—	—	—	370618	0.11	0.001	2058369	0.18	0.009
81	31.78	顺式茉莉酮	486707	0.21	0.002	9424462	2.74	0.036	612208	0.05	0.003
82	31.88	α-荜澄茄油烯	327349	0.14	0.001	—	—	—	420009	0.04	0.002
83	32.05	马兜铃烯	—	—	—	532418	0.15	0.002	590473	0.05	0.003
84	32.21	γ-桉叶烯	166977	0.07	0.001	—	—	—	—	—	—
85	32.32	(-)-α-古芸烯	—	—	—	33810	0.01	0	650310	0.06	0.003
86	32.45	反式-5-甲基-3-(1-甲基乙烯)-环乙烯	298423	0.13	0.001	—	—	—	124268	0.01	0.001
87	32.62	2,异-丙基-5-甲基-9-亚甲基-二环[4.4.0]癸-1-烯	—	—	—	—	—	—	333881	0.03	0.001
88	32.87	石竹烯	460308	0.20	0.002	38506065	11.21	0.147	52786315	4.62	0.236
89	32.93	β-荜澄茄油烯	185366	0.08	0.001	140523	0.04	0.001	630105	0.06	0.003
90	33.12	香叶基丙酮	194776	0.08	0.001	456816	0.13	0.002	238691	0.02	0.001

续表

序号	保留时间 (min)	化合物	肾唇虾脊兰 峰面积 (μV·min)	相对含量 (%)	癸酸乙酯当量 (μg/g)	峨边虾脊兰 峰面积 (μV·min)	相对含量 (%)	癸酸乙酯当量 (μg/g)	翘距虾脊兰 峰面积 (μV·min)	相对含量 (%)	癸酸乙酯当量 (μg/g)
91	33.23	(E)-金合欢烯	300879	0.13	0.001	323611	0.09	0.001	821228	0.07	0.004
92	33.44	4-亚甲基-1-甲基-2-(2-甲基-1-丙烯-1-基)-乙烯基-环庚烷-异戊二烯	—	—	—	—	—	—	210884	0.02	0.001
93	33.65	α-石竹烯	—	—	—	361090	0.11	0.001	788260	0.07	0.004
94	33.78	(-)-别香橙烯	500054	0.22	0.002	—	—	—	3972463	0.35	0.018
95	34.05	γ-摩勒烯	187642	0.08	0.001	140102	0.04	0.001	1351561	0.12	0.006
96	34.19	反武甲位佛手柑油烯	117692	0.05	0	—	—	—	467998	0.04	0.002
97	34.23	十一酸乙酯	—	—	—	292909	0.09	0.001	—	—	—
98	34.29	大根香叶烯	1611387	0.70	0.006	—	—	—	5640161	0.49	0.025
99	34.42	正十五烷	319611	0.14	0.001	3316572	0.97	0.013	—	—	—
100	34.47	(+)-瓦伦亚烯	—	—	—	—	—	—	328691	0.03	0.001
101	34.59	α-金合欢烯	—	—	—	2127806	0.62	0.008	18311695	1.6	0.082
102	34.64	2,6-二叔丁基-4-甲基苯酚	1706009	0.74	0.006	882503	0.26	0.003	3963713	0.35	0.018
103	35.11	4,9-杜松二烯	—	—	—	—	—	—	1399774	0.12	0.006
104	35.18	δ-杜松烯	—	—	—	—	—	—	2574104	0.23	0.011
105	35.32	菖蒲烯	448990	0.20	0.002	286598	0.08	0.001	422571	0.04	0.002
106	35.60	1,4-杜松二烯	619318	0.27	0.002	—	—	—	148020	0.01	0.001
107	35.63	2,3-二甲基-十一烷	483769	0.21	0.002	434382	0.13	0.002	—	—	—
108	35.71	α-依兰油烯	—	—	—	234269	0.07	0.001	209157	0.02	0.001

续表

序号	保留时间(min)	化合物	唇瓣虾脊兰			峨边虾脊兰			翘距虾脊兰		
			峰面积(μV·min)	相对含量(%)	癸酸乙酯当量(μg/g)	峰面积(μV·min)	相对含量(%)	癸酸乙酯当量(μg/g)	峰面积(μV·min)	相对含量(%)	癸酸乙酯当量(μg/g)
109	35.81	α-广藿香烯	—	—	—	436427	0.13	0.002	—	—	—
110	35.86	α-白菖考烯	954628	0.42	0.003	391764	0.11	0.001	—	—	—
111	36.10	橙花醇	985527	0.43	0.004	2275566	0.66	0.009	990385	0.09	0.004
112	36.25	3-甲基-十六烷	—	—	—	—	—	—	106025	0.01	0
113	36.76	十二烷酸乙酯	4124683	1.8	0.015	7723054	2.25	0.029	1230054	0.11	0.005
114	36.95	石竹烯氧化物	928634	0.41	0.003	801776	0.23	0.003	187416	0.02	0.001
115	37.38	邻叔丁基苯酚	289690	0.13	0.001	—	—	—	214196	0.02	0.001
116	37.50	2-乙基-2-甲基-十三醇	259881	0.11	0.001	180043	0.05	0.001	—	—	—
117	37.89	7,9-二甲基-十六烷	593666	0.26	0.002	244007	0.07	0.001	—	—	—
118	38.10	(+)-桥-二环倍半水芹烯	409328	0.18	0.001	328323	0.1	0.001	—	—	—
119	38.23	二甲基-十六烷	316300	0.14	0.001	233889	0.07	0.001	—	—	—
120	38.37	α-杜松醇	481707	0.21	0.002	472511	0.14	0.002	90582	0.01	0
121	38.88	正十七烷	527261	0.23	0.002	488053	0.14	0.002	196705	0.02	0.001
122	39.63	甲氧基乙酸 2-十三烷酯	149956	0.07	0.001	166645	0.05	0.001	—	—	—
123	39.96	2-甲基-十七烷	—	—	—	168230	0.05	0.001	—	—	—
124	40.43	十四烷酸乙酯	3319911	1.45	0.012	445477	0.13	0.002	1092546	0.10	0.005
125	42.09	十五烷酸乙酯	175247	0.08	0.001	110165	0.03	0	212492	0.02	0.001
126	43.94	十六烷酸乙酯	477698	0.21	0.002	263071	0.08	0.001	445559	0.04	0.002
总计			229916354	100	0.84	343622551	100	1.31	1141964681	100	5.10

表2-3 无距虾脊兰、钩距虾脊兰和流苏虾脊兰花朵花香成分含量统计

序号	保留时间(min)	化合物	无距虾脊兰			钩距虾脊兰			流苏虾脊兰		
			峰面积(μV·min)	相对含量(%)	癸酸乙酯当量(μg/g)	峰面积(μV·min)	相对含量(%)	癸酸乙酯当量(μg/g)	峰面积(μV·min)	相对含量(%)	癸酸乙酯当量(μg/g)
1	11.38	1-己醇	63560	0.03	0.000	—	—	—	—	—	—
2	11.97	正丁基醚	—	—	—	—	—	—	378290	0.27	0.004
3	12.42	4-乙苯甲酸己酯	—	—	—	—	—	—	13912	0.01	0.000
4	14.03	1-甲基乙基苯	—	—	—	—	—	—	901254	0.63	0.009
5	14.61	α-蒎烯	567239	0.26	0.002	2986374	0.72	0.010	—	—	—
6	14.80	2-甲基-2-丁烯酸乙酯	—	—	—	—	—	—	239947	0.17	0.002
7	15.52	莰烯	93668	0.04	0.000	—	—	—	—	—	—
8	16.17	二苯甲醛	116149	0.05	0.000	1447818	0.35	0.005	—	—	—
9	16.39	烷基醇	292934	0.13	0.001	—	—	—	176392	0.12	0.002
10	16.40	3,7-二甲基,1-辛烯	256375	0.12	0.001	—	—	—	191870	0.14	0.002
11	16.88	1-辛烯-3-醇	14852296	6.75	0.061	—	—	—	731695	0.51	0.007
12	17.10	3-辛酮	4672813	2.12	0.019	—	—	—	11282834	7.94	0.112
13	17.31	β-蒎烯	2470551	1.12	0.010	7402605	1.78	0.024	2374045	1.67	0.024
14	17.61	3-辛醇	27680353	12.58	0.113	22986829	5.52	0.075	—	—	—
15	17.67	己酸己酯	—	—	—	—	—	—	5878527	4.14	0.059
16	17.81	5,9-二甲基-3-癸醇	—	—	—	—	—	—	101505	0.07	0.001
17	17.99	顺3-己烯醇甲酸酯	275659	0.13	0.001	1759914	0.42	0.006	904590	0.64	0.009
18	18.18	3-乙烯-1,2-二甲基-1,4-环己二烯	2020573	0.92	0.008	—	—	—	352691	0.25	0.004

续表

序号	保留时间 (min)	化合物	无距虾脊兰			钩距虾脊兰			流苏虾脊兰		
			峰面积 (μV·min)	相对含量 (%)	葵酸乙酯当量 (μg/g)	峰面积 (μV·min)	相对含量 (%)	葵酸乙酯当量 (μg/g)	峰面积 (μV·min)	相对含量 (%)	葵酸乙酯当量 (μg/g)
19	18.85	4-甲基苯甲醚	964980	0.44	0.004	—	—	—	—	—	—
20	19.04	对伞花烃	347589	0.16	0.001	2687774	0.65	0.009	113586	0.08	0.001
21	19.22	D-柠檬烯	1766788	0.80	0.007	24727333	5.93	0.081	1165183	0.82	0.012
22	19.38	桉树油	8052977	3.66	0.033	2623072	0.63	0.009	203341	0.14	0.002
23	19.88	罗勒烯	24803773	11.27	0.102	—	—	—	1672314	1.18	0.017
24	20.35	1-1-二甲基-2-(3-甲基-1,3-丁二烯基)环丙烷	380488	0.17	0.002	—	—	—	—	—	—
25	20.49	γ-萜品烯	170780	0.08	0.001	1550807	0.37	0.005	—	—	—
26	20.93	1-辛醇	1541263	0.70	0.006	4147949	1.00	0.014	1947966	1.37	0.019
27	21.20	1-乙基-2,4-二甲基苯	—	—	—	2658191	0.64	0.009	—	—	—
28	21.31	1,2,3,5-四甲基苯	1363143	0.62	0.006	4448486	1.07	0.015	496344	0.35	0.005
29	21.59	1-乙基-3,5-二甲基苯	902839	0.41	0.004	—	—	—	179528	0.13	0.002
30	21.74	2-壬酮	663614	0.30	0.003	—	—	—	—	—	—
31	21.82	2,4-己二酸乙酯(E,E)	443637	0.20	0.002	—	—	—	5280667	3.72	0.053
32	21.95	庚酸乙酯	—	—	—	—	—	—	1213201	0.85	0.012
33	22.14	芳樟醇	23471448	10.67	0.096	112240338	26.97	0.369	1391489	0.98	0.014
34	22.31	壬醛	2439417	1.11	0.010	12600189	3.02	0.041	8352819	5.88	0.083
35	22.38	5-甲基十一烷	—	—	—	6455113	1.55	0.021	—	—	—
36	22.65	6-甲基-十三烷	432871	0.20	0.002	—	—	—	30058621	21.15	0.299

续表

序号	保留时间(min)	化合物	无距虾脊兰			钩距虾脊兰			流苏虾脊兰		
			峰面积(μV·min)	相对含量(%)	癸酸乙酯当量(μg/g)	峰面积(μV·min)	相对含量(%)	癸酸乙酯当量(μg/g)	峰面积(μV·min)	相对含量(%)	癸酸乙酯当量(μg/g)
37	22.74	苯乙醇	488959	0.22	0.002	—	—	—	400196	0.28	0.004
38	22.99	1,3,8-p-薄荷三烯	765332	0.35	0.003	3276891	0.79	0.011	161774	0.11	0.002
39	23.10	3,7-二甲基-癸烷	642206	0.29	0.003	—	—	—	—	—	—
40	23.39	2,10-二甲基十一烷	—	—	—	2223981	0.53	0.007	—	—	—
41	23.51	反式-4,5-环氧树脂	—	—	—	1226620	0.29	0.004	—	—	—
42	23.68	(E,Z)-烯烃	573366	0.26	0.002	—	—	—	180649	0.13	0.002
43	23.78	2,3-二氢-4-甲基-1H-茚	568611	0.26	0.002	—	—	—	693451	0.49	0.007
44	24.13	樟脑	2329451	1.06	0.010	—	—	—	204383	0.14	0.002
45	24.30	4-甲基-十一烷	200541	0.09	0.001	—	—	—	—	—	—
46	24.51	己酸苯甲酯	196827	0.09	0.001	—	—	—	—	—	—
47	24.60	2-甲氧基-3-(1-甲基丙基)-吡嗪	—	—	—	—	—	—	871734	0.61	0.009
48	24.73	对苯二甲醛	334119	0.15	0.001	3077527	0.74	0.010	—	—	—
49	24.80	1-壬醛	418180	0.19	0.002	—	—	—	1036118	0.73	0.010
50	24.89	苯甲酸乙酯	182549	0.08	0.001	—	—	—	261934	0.18	0.003
51	24.98	丁二酸二乙酯	1233640	0.56	0.005	—	—	—	739439	0.52	0.007
52	25.19	4-苯基-2-丁酮	298246	0.14	0.001	—	—	—	299241	0.21	0.003
53	25.46	丁酸己酯	230533	0.10	0.001	1315278	0.32	0.004	—	—	—

续表

序号	保留时间(min)	化合物	无距虾脊兰			钩距虾脊兰			流苏虾脊兰		
			峰面积(μV·min)	相对含量(%)	癸酸乙酯当量(μg/g)	峰面积(μV·min)	相对含量(%)	癸酸乙酯当量(μg/g)	峰面积(μV·min)	相对含量(%)	癸酸乙酯当量(μg/g)
54	25.58	辛酸己酯	1024299	0.47	0.004	—	—	—	1541258	1.08	0.015
55	25.74	正十二烷	7198011	3.27	0.029	5730642	1.38	0.019	1218848	0.86	0.012
56	25.81	(-)-桃金娘烯醇	—	—	—	—	—	—	233319	0.16	0.002
57	26.53	顺式-香芹酚	354862	0.16	0.001	—	—	—	—	—	—
58	27.10	香橙醛	—	—	—	3448060	0.83	0.011	—	—	—
59	27.57	顺式-薄荷基-2,8-二烯-1-醇	180432	0.08	0.001	7196289	1.73	0.024	—	—	—
60	27.77	5-丁基二氢-2(3H)-呋喃酮	426757	0.19	0.002	—	—	—	—	—	—
61	28.01	香叶醛	—	—	—	7570092	1.82	0.025	—	—	—
62	28.15	水杨酸乙酯	262111	0.12	0.001	—	—	—	—	—	—
63	28.36	香叶醇	—	—	—	1482560	0.36	0.005	—	—	—
64	28.92	十三烯	40482799	18.40	0.166	—	—	—	259657	0.18	0.003
65	29.04	吲哚	546821	0.25	0.002	—	—	—	—	—	—
66	30.37	庚基环己烷	314153	0.14	0.001	—	—	—	—	—	—
67	30.96	3-甲基-十三烷	702240	0.32	0.003	—	—	—	289352	0.20	0.003
68	31.22	依兰烯	113734	0.05	0.000	—	—	—	—	—	—
69	31.40	古巴烯	218548	0.10	0.001	—	—	—	—	—	—
70	31.52	β-榄香烯	309440	0.14	0.001	—	—	—	619010	0.44	0.006
标样	31.60	癸酸乙酯	60772325	—	—	41524685	9.96	0.136	38618100	27.18	0.385
71	31.67	B-波旁烯	—	—	—	2001364	0.48	0.007	—	—	—

续表

序号	保留时间(min)	化合物	无距虾脊兰			钩距虾脊兰			流苏虾脊兰		
			峰面积(μV·min)	相对含量(%)	癸酸乙酯当量(μg/g)	峰面积(μV·min)	相对含量(%)	癸酸乙酯当量(μg/g)	峰面积(μV·min)	相对含量(%)	癸酸乙酯当量(μg/g)
72	31.78	顺式茉莉酮	9872540	4.49	0.040	1837617	0.44	0.006	671830	0.47	0.007
73	32.05	(-)-α-古芸烯	143701	0.07	0.001	—	—	—	—	—	—
74	32.32	(-)-古芸烯	—	—	—	532003	0.13	0.002	—	—	—
75	32.45	反式-5-甲基-3-(1-甲基乙烯)-环己烯	155464	0.07	0.001	1035748	0.25	0.003	435039	0.31	0.004
76	32.62	2,异-丙基-5-甲基-9-亚甲基-二环[4.4.0]癸-1-烯	—	—	—	—	—	—	101065	0.07	0.001
77	32.87	石竹烯	1174349	0.53	0.005	121227829	29.09	0.398	256438	0.18	0.003
78	33.12	香叶基丙酮	194659	0.09	0.001	—	—	—	—	—	—
79	33.23	(E)-金合欢烯	295187	0.13	0.001	—	—	—	1082241	0.76	0.011
80	33.44	4-亚甲基-1-甲基-2-(2-甲基-1-丙烯-1-基)-1-乙烯基-环庚烷	109749	0.05	0.000	—	—	—	—	—	—
81	33.65	α-石竹烯	—	—	—	2655184	0.64	0.009	—	—	—
82	33.78	(-)-别香橙烯	—	—	—	—	—	—	120472	0.08	0.001
83	34.19	反式甲位佛手柑油烯	—	—	—	21938722	5.26	0.072	272948	0.19	0.003
84	34.42	正十五烷	3399745	1.54	0.014	—	—	—	—	—	—
85	34.59	α-金合欢烯	—	—	—	13863868	3.33	0.045	766914	0.54	0.008
86	34.64	2,6-二叔丁基-4-甲基苯酚	3751878	1.70	0.015	3147939	0.76	0.010	—	—	—
87	35.32	菖蒲烯	915886	0.42	0.004	—	—	—	103272	0.07	0.001

续表

序号	保留时间(min)	化合物	无距虾脊兰			钩距虾脊兰			流苏虾脊兰		
			峰面积(μV·min)	相对含量(%)	癸酸乙酯当量(μg/g)	峰面积(μV·min)	相对含量(%)	癸酸乙酯当量(μg/g)	峰面积(μV·min)	相对含量(%)	癸酸乙酯当量(μg/g)
88	35.63	2,3-二甲基-十一烷	—	—	—	—	—	—	297044	0.21	0.003
89	35.71	α-依兰油烯	877691	0.40	0.004	—	—	—	—	—	—
90	35.86	α-白菖考烯	1722749	0.78	0.007	—	—	—	—	—	—
91	36.10	橙花醇2	1763894	0.80	0.007	—	—	—	52518490	36.96	0.523
92	36.25	3-甲基-十六烷	2147528	0.98	0.009	—	—	—	96705	0.07	0.001
93	36.76	十二烷酸乙酯	1308190	0.59	0.005	—	—	—	667430	0.47	0.007
94	36.95	石竹烯氧化物	1952018	0.89	0.008	—	—	—	—	—	—
95	38.23	二甲基-十六烷	2546479	1.16	0.010	—	—	—	—	—	—
96	38.37	α-杜松醇	1233430	0.56	0.005	—	—	—	—	—	—
97	38.88	正十七烷	1623604	0.74	0.007	—	—	—	—	—	—
98	39.63	甲氧基乙酸 2-十三烷酯	850572	0.39	0.003	1036526	0.25	0.003	—	—	—
99	39.96	2-甲基-十七烷 e	1705207	0.77	0.007	—	—	—	—	—	—
100	40.43	十四烷酸乙酯	517026	0.23	0.002	—	—	—	89036	0.06	0.001
101	43.94	十六烷酸乙酯	104696	0.05	0.000	—	—	—	—	—	—
总 计			22007786	—	0.90	416707532	100.00	1.37	142091898	100.00	1.42

表 2-4　虾脊兰、叉唇虾脊兰和细花虾脊兰花朵花香成分含量统计

序号	保留时间(min)	化合物	虾脊兰			叉唇虾脊兰			细花虾脊兰		
			峰面积(μV·min)	相对含量(%)	癸酸乙酯当量(μg/g)	峰面积(μV·min)	相对含量(%)	癸酸乙酯当量(μg/g)	峰面积(μV·min)	相对含量(%)	癸酸乙酯当量(μg/g)
1	10.58	丁酸, 2-甲基, 乙基酯	519362	0.02	0.003	21032253	2.06	0.057	—	—	—
2	10.73	3-氧代丁酸乙酯	502080	0.02	0.003	—	—	—	—	—	—
3	10.80	3-甲基丁酸乙酯	707602	0.03	0.004	—	—	—	—	—	—
4	11.38	1-己醇	—	—	—	—	—	—	101055	0.01	0.001
5	12.50	苯乙烯	—	—	—	85500765	8.38	0.230	—	—	—
6	14.17	4-甲基-1-(1-甲基乙基)双环[3.1.0]己烷	—	—	—	—	—	—	5369236	0.51	0.044
7	14.24	α-水芹烯	—	—	—	122826	0.01	0.000	3507838	0.33	0.028
8	14.61	α-蒎烯	—	—	—	84735408	8.31	0.228	270182956	25.64	2.190
9	14.72	巴豆酸乙酯	144136363	5.53	0.858	—	—	—	—	—	—
10	15.52	玫烯	—	—	—	—	—	—	3865482	0.37	0.031
11	16.17	二苯甲醛	—	—	—	1058788	0.10	0.003	—	—	—
12	16.39	烷基醇	—	—	—	2342909	0.23	0.006	—	—	—
13	16.88	1-辛烯-3-醇	1267867	0.05	0.008	9870507	0.97	0.027	14173046	1.35	0.115
14	17.10	3-辛酮	709806	0.03	0.004	—	—	—	2924036	0.28	0.024
15	17.31	β-蒎烯	757999	0.03	0.005	7866848	0.77	0.021	49392021	4.69	0.400
16	17.61	3-辛醇	—	—	—	—	—	—	26631924	2.53	0.216
17	17.67	己酸己酯	4756434	0.18	0.028	5827617	0.57	0.016	—	—	—
18	17.99	顺3-己烯醇甲酸酯	1228084	0.05	0.007	1243323	0.12	0.003	—	—	—

续表

序号	保留时间(min)	化合物	虾脊兰			叉唇虾脊兰			细花虾脊兰		
			峰面积(μV·min)	相对含量(%)	癸酸乙酯当量(μg/g)	峰面积(μV·min)	相对含量(%)	癸酸乙酯当量(μg/g)	峰面积(μV·min)	相对含量(%)	癸酸乙酯当量(μg/g)
19	18.18	3-乙烯-1,2-二甲基-1,4-环己二烯	—	—	—	1738088	0.17	0.005	2537755	0.24	0.021
20	18.66	α-松油烯	—	—	—	351498	0.03	0.001	7938491	0.75	0.064
21	18.85	4-甲基苯甲醚	3278506	0.13	0.020	2231424	0.22	0.006	—	—	—
22	19.04	对伞花烃	464445	0.02	0.003	—	—	—	15584657	1.48	0.126
23	19.22	D-柠檬烯	1346070	0.05	0.008	6788233	0.67	0.018	327590831	31.09	2.655
24	19.38	桉树油	—	—	—	1398443	0.14	0.004	12710850	1.21	0.103
25	19.48	苯甲醇	2687356	0.10	0.016	12285419	1.20	0.033	—	—	—
26	19.88	罗勒烯	—	—	—	—	—	—	15575942	1.48	0.126
27	20.16	1-甲基-3-丙基苯	—	—	—	1145907	0.11	0.003	—	—	—
28	20.49	γ-萜品烯	—	—	—	1744763	0.17	0.005	28874113	2.74	0.234
29	20.91	苯乙酮	—	—	—	8476827	0.83	0.023	1060428	0.10	0.009
30	20.93	1-辛醇	473806	0.02	0.003	—	—	—	—	—	—
31	21.01	顺式-β-松油醇	—	—	—	—	—	—	—	—	—
32	21.20	1-乙基-2,4-二甲基苯	—	—	—	2723374	0.27	0.007	8449454	0.80	0.068
33	21.31	1,2,3,5-四甲基苯	—	—	—	2612410	0.26	0.007	665971	0.06	0.005
34	21.59	1-乙基-3,5-二甲基苯	307460	0.01	0.002	2843739	0.28	0.008	160900840	15.27	1.304
35	21.74	2-壬酮	—	—	—	5904967	0.58	0.016	—	—	—
36	21.82	2,4-己二酸乙酯	1350057	0.05	0.008	3535820	0.35	0.010	7596238	0.72	0.062

续表

序号	保留时间(min)	化合物	虾脊兰 峰面积(μV·min)	虾脊兰 相对含量(%)	虾脊兰 癸酸乙酯当量(μg/g)	叉唇虾脊兰 峰面积(μV·min)	叉唇虾脊兰 相对含量(%)	叉唇虾脊兰 癸酸乙酯当量(μg/g)	细花虾脊兰 峰面积(μV·min)	细花虾脊兰 相对含量(%)	细花虾脊兰 癸酸乙酯当量(μg/g)
37	21.95	庚酸乙酯	2841879	0.11	0.017	4122720	0.40	0.011	10360114	0.98	0.084
38	22.14	芳樟醇	—	—	—	6117136	0.60	0.016	—	—	—
39	22.31	壬醛	2722742	0.10	0.016	21622165	2.12	0.058	15440908	1.47	0.125
40	22.38	5-甲基十一烷	—	—	—	5342180	0.52	0.014	—	—	—
41	22.65	6-甲基-十三烷	—	—	—	5529977	0.54	0.015	—	—	—
42	22.74	苯乙醇	1545270	0.06	0.009	3163653	0.31	0.009	1781353	0.17	0.014
43	22.99	1,3,8-p-薄荷三烯	354666	0.01	0.002	2265481	0.22	0.006	357480	0.03	0.003
44	23.10	3,7-二甲基-癸烷	—	—	—	4917561	0.48	0.013	15766841	1.50	0.128
45	23.39	2,10-二甲基十一烷	—	—	—	4155255	0.41	0.011	772532	0.07	0.006
46	23.51	反式-4,5-环氧树脂	—	—	—	1366750	0.13	0.004	—	—	—
47	23.68	(E,Z)-烯烃	1648096	0.06	0.010	1058534	0.10	0.003	—	—	—
48	23.78	2,3-二氢-4-甲基-1H-茚	—	—	—	940238	0.09	0.003	—	—	—
49	23.89	松香芹醇	—	—	—	618934	0.06	0.002	3363240	0.32	0.027
50	24.00	丁香醛	—	—	—	728040	0.07	0.002	1601973	0.15	0.013
51	24.13	樟脑	—	—	—	1275788	0.13	0.003	622229	0.06	0.005
52	24.30	4-甲基-十一烷	—	—	—	1588307	0.16	0.004	—	—	—
53	24.51	己酸苯甲酯	—	—	—	879655	0.09	0.002	—	—	—
54	24.60	2-甲氧基-3-(1-甲基丙基)-吡嗪	—	—	—	7287694	0.71	0.020	2768026	0.26	0.022

续表

序号	保留时间(min)	化合物	虾脊兰 峰面积(μV·min)	相对含量(%)	癸酸乙酯当量(μg/g)	叉唇虾脊兰 峰面积(μV·min)	相对含量(%)	癸酸乙酯当量(μg/g)	细花虾脊兰 峰面积(μV·min)	相对含量(%)	癸酸乙酯当量(μg/g)
55	24.73	对苯二甲醚	451998081	17.33	2.690	—	—	—	783178	0.07	0.006
56	24.80	1-壬醛	2066020	0.08	0.012	6299177	0.62	0.017	—	—	—
57	24.89	苯甲酸乙酯	207110327	7.94	1.232	14592255	1.43	0.039	—	—	—
58	24.98	丁二酸二乙酯	—	—	—	1835406	0.18	0.005	5039189	0.48	0.041
59	25.19	4-苯基-2-丁酮	—	—	—	—	—	—	400918	0.04	0.003
60	25.27	(-)-4-萜品烯	—	—	—	1612309	0.16	0.004	2669617	0.25	0.022
61	25.46	丁酸己酯	—	—	—	614006	0.06	0.002	341058	0.03	0.003
62	25.58	辛酸己酯	1638349	0.06	0.010	4061435	0.40	0.011	676213	0.06	0.005
63	25.74	正十二烷	2340181	0.09	0.014	2071272	0.20	0.006	2041299	0.19	0.017
64	25.81	(-)-桃金娘烯醇	—	—	—	—	—	—	2439139	0.23	0.020
65	25.99	癸醇	—	—	—	942681	0.09	0.003	4015575	0.38	0.033
66	26.53	顺式-香芹酚	—	—	—	—	—	—	3499869	0.33	0.028
67	27.04	螺[2.3]己烷-5-羧酸1-甲基薄荷酯	1345015	0.05	0.008	—	—	—	—	—	—
68	27.10	香橙醛	—	—	—	—	—	—	2560186	0.24	0.021
69	27.22	苯乙酸乙酯	—	—	—	388336	0.04	0.001	480513	0.05	0.004
70	27.41	(+)-香芹酚	—	—	—	243471	0.02	0.001	—	—	—
71	27.57	顺式-薄荷基-2,8-二烯-1-醇	—	—	—	—	—	—	1615743	0.15	0.013
72	28.01	香叶醛	406984	0.02	0.002	506298	0.05	0.001	—	—	—
73	28.15	水杨酸乙酯	17182452	0.66	0.102	792368	0.08	0.002	—	—	—

续表

序号	保留时间(min)	化合物	虾脊兰			叉唇虾脊兰			细花虾脊兰		
			峰面积(μV·min)	相对含量(%)	癸酸乙酯当量(μg/g)	峰面积(μV·min)	相对含量(%)	癸酸乙酯当量(μg/g)	峰面积(μV·min)	相对含量(%)	癸酸乙酯当量(μg/g)
74	28.36	香叶醇	680502	0.03	0.004	—	—	—	—	—	—
75	28.92	十三烯	363092	0.01	0.002	—	—	—	329274	0.03	0.003
76	29.04	吲哚	1105341	0.04	0.007	608239868	59.63	1.634	3957737	0.38	0.032
77	29.46	3-甲基-2-(2-戊烯基)环戊酮	—	—	—	—	—	—	1849125	0.18	0.015
78	29.63	3,3-二乙氧基丙酸乙酯	1487625	0.06	0.009	—	—	—	—	—	—
79	29.84	7-亚甲基-2,4,4-三甲基-2-乙烯基-二环[4.3.0]壬烷	539657	0.02	0.003	245808	0.02	0.001	—	—	—
80	30.08	黏蒿三烯	—	—	—	155393	0.02	0.000	—	—	—
81	30.37	庚基环己烷	—	—	—	409353	0.04	0.001	—	—	—
82	30.47	苯甲酸乙酯	519318	0.02	0.003	1130194	0.11	0.003	—	—	—
83	30.96	3-甲基-十三烷	20254945	0.78	0.121	920434	0.09	0.002	370610	0.04	0.003
84	31.22	依兰烯	724711	0.03	0.004	—	—	—	—	—	—
85	31.40	古巴烯	173566	0.01	0.001	—	—	—	—	—	—
86	31.52	β-榄香烯	3628758	0.14	0.022	—	—	—	—	—	—
标	31.60	癸酸乙酯	57549185	—	0.337	87776855	—	—	46383751	—	—
87	31.78	顺式茉莉酮	56692361	2.17	—	981740	0.10	0.003	677485	0.06	0.005
88	32.05	(-)-α-古芸烯	—	—	—	81275	0.01	0.000	572517	0.05	0.005
89	32.32	(-)-α-古芸烯	4207583	0.16	0.025	—	—	—	—	—	—

续表

序号	保留时间(min)	化合物	虾脊兰			叉唇虾脊兰			细花虾脊兰		
			峰面积(μV·min)	相对含量(%)	癸酸乙酯当量(μg/g)	峰面积(μV·min)	相对含量(%)	癸酸乙酯当量(μg/g)	峰面积(μV·min)	相对含量(%)	癸酸乙酯当量(μg/g)
90	32.87	石竹烯	1470028395	56.38	8.748	1320253	0.13	0.004	638254	0.06	0.005
91	32.93	β-荜澄茄油烯	6139481	0.24	0.037	—	—	—	—	—	—
92	33.12	香叶基丙酮	781779	0.03	0.005	—	—	—	—	—	—
93	33.23	(E)-金合欢烯	3411462	0.13	0.020	494217	0.05	0.001	—	—	—
94	33.44	4-亚甲基-1-甲基-2-(2-甲基-1-丙烯-1-基)-乙烯基-环庚烷-异戊二烯	2662851	0.10	0.016	—	—	—	—	—	—
95	33.65	α-石竹烯	45611589	1.75	0.271	240381	0.02	0.001	—	—	—
96	33.78	(-)-别香橙烯	40631799	1.56	0.242	12209766	1.20	0.033	—	—	—
97	34.05	γ-摩勒烯	5855801	0.22	0.035	—	—	—	—	—	—
98	34.19	反式甲位佛手柑油烯	1576999	0.06	0.009	—	—	—	—	—	—
99	34.23	十一酸乙酯	218789	0.01	0.001	526464	0.05	0.001	—	—	—
100	34.29	大根香叶烯	751731	0.03	0.004	—	—	—	—	—	—
101	34.42	正十五烷	653446	0.03	0.004	321574	0.03	0.001	—	—	—
102	34.47	(+)-瓦伦亚烯	333291	0.01	0.002	—	—	—	—	—	—
103	34.53	丁二酸苄酯	22581659	0.87	0.134	857396	0.08	0.002	—	—	—
104	34.59	α-金合欢烯	42825190	1.64	0.255	—	—	—	—	—	—
105	34.64	2,6-二叔丁基-4-甲基苯酚	3550639	0.14	0.021	411517	0.04	0.001	—	—	—
106	35.11	4,9-杜松二烯	1446488	0.06	0.009	—	—	—	—	—	—

续表

序号	保留时间(min)	化合物	虾脊兰			叉唇虾脊兰			细花虾脊兰		
			峰面积(μV·min)	相对含量(%)	癸酸乙酯当量(μg/g)	峰面积(μV·min)	相对含量(%)	癸酸乙酯当量(μg/g)	峰面积(μV·min)	相对含量(%)	癸酸乙酯当量(μg/g)
107	35.18	δ-杜松烯	739585	0.03	0.004	—	—	—	—	—	—
108	35.32	菖蒲烯	719412	0.03	0.004	569425	0.06	0.002	—	—	—
109	35.60	1,4-杜松二烯	312055	0.01	0.002	—	—	—	—	—	—
110	35.71	α-依兰油烯	349044	0.01	0.002	—	—	—	—	—	—
111	35.81	α-广藿香烯	212718	0.01	0.001	—	—	—	—	—	—
112	36.10	橙花醇 2	257044	0.01	0.002	—	—	—	—	—	—
113	36.25	3-甲基-十六烷	—	—	—	354932	0.03	0.001	—	—	—
114	36.76	十二烷酸乙酯	1304102	0.05	0.008	3954785	0.39	0.011	250904	0.02	0.002
115	36.95	石竹烯氧化物	4264655	0.16	0.025	213667	0.02	0.001	—	—	—
116	37.38	邻叔丁基苯酚	983412	0.04	0.006	—	—	—	—	—	—
117	39.63	甲氧基乙酸 2-十三烷酯	1122224	0.00	0.001	—	—	—	—	—	—
118	39.96	2-甲基-十七烷	454287	0.02	0.003	3960633	0.39	0.011	—	—	—
119	40.43	十四烷酸乙酯	162347	0.01	0.001	1745857	0.17	0.005	—	—	—
120	43.94	十六烷酸乙酯	445306	0.02	0.003	272323	0.03	0.001	—	—	—
总计			2607448398	100	15.516	1019938493	100	2.740	1053676263	100	8.540

十三烷（Tridecane）等16种。其他类包括吲哚（Indole）、庚基环己烷（Heptylcyclohexane）等4种。

根据标物癸酸乙酯计算9种虾脊兰香气成分质量，翘距虾脊兰花朵中检出85种花香成分，花香成分总含量为5.10μg/g，肾唇虾脊兰花朵中检出76种花香成分，花香成分总含量为0.84μg/g，峨边虾脊兰花朵中检出85种花香成分，花香成分总含量为1.31μg/g，无距虾脊兰花朵中检出55种花香成分，花香成分总含量为0.90μg/g，钩距虾脊兰花朵中检出78种花香成分，花香成分总含量为1.37μg/g，流苏虾脊兰花朵中检出35种花香成分，花香成分总含量为1.42μg/g，虾脊兰花朵中检出71种花香成分，花香成分总含量为15.52μg/g，叉唇虾脊兰花朵中检出77种花香成分，花香成分总含量为2.74μg/g，细花虾脊兰花朵中检出52种花香成分，花香成分总含量为8.54μg/g。

2.2.2　花香成分组成比较

9种虾脊兰属植物中共发现有148种花香成分，可分为酚类、醚类、醛类、芳香烃类、酮类、醇类、烷烃类、酯类、萜烯类和其他10类。根据图2-1所示，萜烯类花香成分种类占比最多，达到44.6%，其次是酯类、醇类、烷烃类、酮类和芳香烃类，分别达到17.6%、10.8%、10.8%、4.1%和3.4%。发现的酚类和醚类花香成分种类较少，分别有2种和3种，各占1.4%和2.0%。

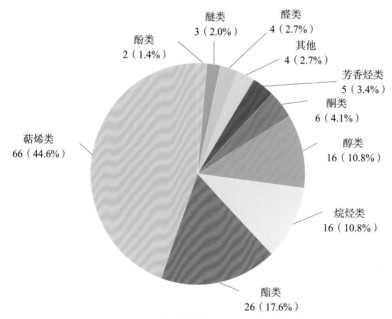

图2-1　9种虾脊兰总花香成分种类组成

表 2-5　9 种虾脊兰花香成分种类数量与相对含量

种　类		醇　类	酯　类	醛　类	酮类	酚　类	醚　类	萜烯类	芳香烃	烷烃类	其　他	总　计
流苏虾脊兰	n	4	2	2	0	1	0	19	3	3	1	35
	RC	8.66	0.56	3.71	0.00	0.25	0	80.1	2.44	3.46	0.65	99.83
肾唇虾脊兰	n	7	14	1	3	2	1	29	4	8	7	76
	RC	6.34	71.10	0.87	1.73	0.87	0.12	8.39	0.92	1.81	7.84	99.99
虾脊兰	n	6	28	2	1	2	2	22	1	5	2	71
	RC	0.36	77.77	0.16	0.03	0.17	17.46	3.05	0.01	0.92	0.02	99.95
无距虾脊兰	n	6	10	1	2	0	2	24	3	5	2	55
	RC	3.00	11.21	5.88	8.15	0.00	1.00	46.5	1.11	22.50	0.69	100.04
峨边虾脊兰	n	6	16	2	4	1	0	33	6	12	5	85
	RC	1.18	18.22	1.61	1.84	0.26	0	49.99	1.17	20.90	4.85	100.02
钩距虾脊兰	n	9	12	2	3	1	2	34	2	10	3	78
	RC	20.81	3.08	1.16	2.56	1.70	0.59	40.85	1.03	27.66	0.55	99.99
叉唇虾脊兰	n	6	16	3	2	1	1	28	4	10	3	74
	RC	3.45	6.41	2.39	1.43	0.04	0.22	21.82	0.91	2.86	60.40	99.93
细花虾脊兰	n	5	7	3	4	0	1	22	2	5	3	52
	RC	4.20	2.35	2.00	0.59	0.00	0.07	71.5	15.33	1.83	2.12	99.99
翘距虾脊兰	n	5	14	1	2	2	1	47	3	4	3	82
	RC	0.77	1.46	0.64	0.23	0.37	0.05	94.42	1.44	0.22	0.38	99.98

注：n 表示数量；RC 表示相对含量（%）。

据表2-5所示，流苏虾脊兰中无酮类和醚类花香成分，无距虾脊兰和翘距虾脊兰中无酚类花香成分，峨边虾脊兰中无醚类花香成分。肾唇虾脊兰和虾脊兰香气成分中相对含量占比最多的是酯类物质，分别达到71.10%和77.77%。虾脊兰也是9种虾脊兰属植物中唯——种酯类香气成分种类多于萜烯类的兰花，其余虾脊兰属植物中均为萜烯类花香成分种类最多。叉唇虾脊兰花中香气成分相对含量占比最多的为其他类，主要包括吲哚。流苏虾脊兰花中的主要花香成分为萜烯类、醇类、醛类和烷烃类。肾唇虾脊兰花中的主要花香成分为酯类、萜烯类、其他和醇类。虾脊兰中的主要花香成分为酯类、醚类和萜烯类。无距虾脊兰花中的主要花香成分为萜烯类、烷烃类、酯类和酮类。峨边虾脊兰花中的主要花香成分为萜烯类、烷烃类、酯类和其他。钩距虾脊兰花中的主要花香成分为萜烯类、烷烃类、醇类和酯类。叉唇虾脊兰花中的主要花香成分为其他类、萜烯类、酯类和醇类。细花虾脊兰花中的主要花香成分为萜烯类、芳香烃类、醇类和酯类。翘距虾脊兰花中的主要花香成分为萜烯类、酯类、芳香烃类和醇类。

2.2.3 主成分分析及聚类分析

主成分分析（principal component analysis，PCA）利用数学降维的方式，从多个原始成分变量中找出几个主成分变量，帮助我们更简便地了解数据。以9种虾脊兰属花中检测到的153种花香成分作为变量，得到的主成分分析结果见表2-6，共得到8个特征值大于1的主成分，前5个主成分的累积方差贡献率达到了79.01%，前3个主成分的累积方差贡献率达到56.6%。

表 2-6　9种虾脊兰属植物花香成分主成分特征值与累计贡献率

主成分	特征值	方差贡献率（%）	累计贡献率（%）
1	36.88189	24.75295	24.75295
2	27.87829	18.71026	43.46321
3	19.51502	13.09733	56.56054
4	17.79846	11.94527	68.50581
5	15.64858	10.5024	79.00821
6	13.94033	9.35592	88.36414
7	10.91433	7.32506	95.68919
8	6.42310	4.31081	100

以PC1绘制 x 轴，对PC1贡献较大的变量有苯丙酸乙酯。以PC2绘制 y 轴，对PC2贡献较大的变量有十一酸乙酯和苯丙酸乙酯。以PC3绘制 z 轴，对PC3贡献较大的变量有丁酸乙酯和十一酸乙酯。酯类是虾脊兰属植物花中相对含量较高的花香组分，这些变量虽均为酯类物质，但不相同，这或许是虾脊兰属植物花各自的特有花香成分。

PCA得分如图2-2所示，虾脊兰、细花虾脊兰和峨边虾脊兰分别在PC1（ x 轴）、PC2（ y 轴）和PC3（ z 轴）中得分最高，在得分图上与其他6种虾脊兰属植物距离较远，且各自分散，挥发性成分差异较大。叉唇虾脊兰、肾唇虾脊兰和钩距虾脊兰在得分图上距离很近，说明这3种虾脊兰的花香成分种类或含量相似。无距虾脊兰、流苏虾脊兰和翘距虾脊兰距离很近，可以聚为另一类。

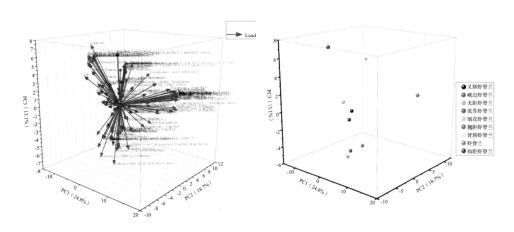

图2-2　9种虾脊兰花香成分3D—PCA得分

聚类分析是分类学的基本方法，可通过不同变量数据的相似程度来判断亲缘关系。利用SPSS2021软件对试验中检测到的9种虾脊兰属植物花的153种挥发性成分进行系统聚类分析，采用瓦尔德法（Ward）的方法运行聚类分析（CA）程序，平方欧氏距离为测量的区间（图2-3）。

当遗传距离为25时，9种虾脊兰属植物被分为两组，其中虾脊兰单独被分为一组。当遗传距离为4时，剩下8种虾脊兰属植物被分为两组，细花虾脊兰单独被分为一组。在遗传距离为3时，剩下7种虾脊兰属植物又被分为两组，翘距虾脊兰单独被分为一组，包括叉唇虾脊兰、肾唇虾脊兰、无距虾脊兰、峨边虾脊兰和流苏虾脊兰在内的6种虾脊兰属植物较为相似，被分为一组。

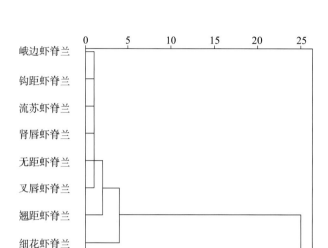

图 2-3　9 种虾脊兰花香成分聚类分析

　　研究中值得注意的一点是，虾脊兰中香气挥发性成分中的萜烯类种类非常丰富，达到 66 种。萜烯类是一类重要的天然香料，单萜和倍半萜多具有浓郁的花香、木香和果香味。萜烯类化合物是虾脊兰独特香气的重要组成部分。乌龙茶中的铁观音、漳平水仙和老枞水仙等以及绿茶中的部分优质茶种都被认为是带有兰花香味的兰香型茶叶，包括 2-甲基丁醛、1-戊烯-3-醇、2-庚酮、桃金娘烷醇、苯乙腈、氧化芳樟醇Ⅳ、水杨酸甲酯、香叶醇、柠檬醛、吲哚等在内的 15 种物质被归为兰香型茶叶的香气特征成分。上述中的多数成分也在本研究中被检测到，兰香不仅具有欣赏价值，更有了食用价值，还可应用于美容护肤、疗愈等方向。这意味着对兰花花香成分进行研究除有科学意义外，还有了实际用途。

2.3　3 种虾脊兰花苞与花朵花香成分比较

2.3.1　3 种虾脊兰属植物挥发性物质组成

　　以峨边虾脊兰、肾唇虾脊兰、翘距虾脊兰 3 种植物为材料，进行花苞与花朵挥发性物质组成的分析。峨边虾脊兰、翘距虾脊兰和肾唇虾脊兰共测得挥发性物质 137 种。其中，峨边虾脊兰共测得 105 种挥发性化合物，含开放前 64 种，开放后 85 种；翘距虾脊兰共测得 96 种挥发性化合物，含开放前 53 种，开放后 83 种。肾唇虾脊兰共测得 91 种挥发性化合物，含开放前 49 种，开放后 76 种（表 2-7）。

表 2-7　3 种虾脊兰属植物挥发性物质组成

序号	保留时间（min）	挥发性物质成分	相对含量（%）					
			峨边虾脊兰		翘距虾脊兰		肾唇虾脊兰	
			开放前	开放后	开放前	开放后	开放前	开放后
1	10.58	丁酸，2-甲基，乙基酯	—	—	—	—	—	1.12
2	10.91	（E）-4-己烯-1-醇	—	—	—	—	—	0.22
3	11.02	（Z）-3-己烯-1-醇	—	—	—	—	—	0.12
4	11.38	1-己醇	0.02	0.10	—	—	—	2.93
5	11.97	正丁基醚	—	—	—	—	7.19	—
6	12.42	4-乙基苯甲酸己酯	—	—	—	—	0.09	—
7	14.03	1-甲基乙基苯	—	—	0.08	0.26	—	—
8	14.17	4-甲基-1-（1-甲基乙基）双环 [3.1.0] 己烷	—	—	—	0.19	—	—
9	14.24	α-水芹烯	—	—	0.30	—	—	—
10	14.61	α-派烯	—	—	5.90	4.30	—	—
11	14.72	巴豆酸乙酯	—	0.20	—	—	—	—
12	15.52	莰烯	—	—	—	0.02	—	—
13	15.66	丙基苯	—	—	0.08	—	—	—
14	16.17	二苯甲醛	—	—	0.34	—	—	—
15	16.39	烷基醇	—	0.07	0.11	—	—	—
16	16.40	3,7 二甲基，1-辛烯	—	0.09	—	—	—	—
17	16.88	1-辛烯-3-醇	0.08	0.76	1.35	0.40	—	—
18	17.10	3-辛酮	0.56	0.54	0.22	—	2.45	0.19
19	17.31	β-派烯	0.61	0.48	48.11	26.55	0.56	0.44

续表

序号	保留时间 (min)	挥发性物质成分	峨边虾脊兰		翘距虾脊兰		肾唇虾脊兰	
			开放前	开放后	开放前	开放后	开放前	开放后
20	17.61	3-辛醇	2.47	—	—	—	—	—
21	17.67	己酸己酯	—	12.81	5.21	0.18	0.78	9.14
22	17.99	顺3-己烯醇甲酸酯	0.24	0.35	0.26	0.17	0.47	0.77
23	18.18	3-乙烯-1,2-二甲基-1,4-环己二烷	0.82	0.68	—	0.15	0.59	6.99
24	18.66	α-松油烯	—	—	0.21	0.24	—	—
25	18.85	4-甲基苯甲醚	—	0.18	0.07	—	—	—
26	19.04	对伞花烃	0.19	0.17	0.45	0.12	2.61	0.19
27	19.22	D-柠檬烯	0.59	0.39	7.52	11.47	25.59	0.37
28	19.38	桉树油	0.25	1.74	2.37	2.04	1.30	0.10
29	19.48	苯甲醇	—	—	—	—	—	1.34
30	19.88	罗勒烯	0.03	12.47	9.87	36.54	—	—
31	20.16	1-甲基-3-丙基苯	—	0.14	0.17	—	—	0.44
32	20.35	1-1-二甲基-2-(3-甲基-1,3-丁二烯基)环丙烷	—	0.19	0.25	0.32	—	—
33	20.49	γ-萜品烯	—	0.07	0.31	0.38	0.37	—
34	20.91	苯乙酮	—	1.06	—	0.02	—	0.56
35	20.93	1-辛醇	0.72	—	0.23	0.09	0.43	—
36	21.01	顺式-β-松油醇	—	—	0.11	—	—	—
37	21.20	1-乙基-2,4-二甲基苯	—	0.11	0.14	—	—	0.10
38	21.31	1,2,3,5-四甲基苯	0.11	0.35	0.39	0.14	—	0.26
39	21.59	1-乙基-3,5-二甲基苯	—	0.33	0.92	1.04	0.31	0.12

相对含量 (%)

续表

序号	保留时间 (min)	挥发性物质成分	相对含量 (%) 峨边虾脊兰 开放前	开放后	翘距虾脊兰 开放前	开放后	肾唇虾脊兰 开放前	开放后
40	21.74	2-壬酮	—	0.20	—	—	—	0.98
41	21.82	2,4-己二酸乙酯	0.15	—	0.21	0.11	—	—
42	21.95	庚酸乙酯	—	0.65	0.40	0.05	—	0.37
43	22.14	芳樟醇	63.75	15.95	6.99	1.44	0.48	1.69
44	22.31	壬醛	6.81	0.96	2.15	0.64	5.95	0.87
45	22.65	6-甲基-十三烷	—	0.24	0.25	0.03	—	—
46	22.74	苯乙醇	—	—	—	0.02	—	—
47	22.99	1,3,8-p-薄荷三烯	0.06	0.24	0.27	0.15	0.15	0.22
48	23.10	3,7-二甲基-癸烷	—	0.15	0.14	—	—	—
49	23.34	波斯菊萜	—	—	0.28	0.56	—	—
50	23.51	反式-4,5-环氧树脂	—	0.04	—	—	0.21	—
51	23.68	(E, Z) - 烯烃	—	0.20	0.33	1.30	—	—
52	23.78	2, 3-二氢 -4-甲基 -1H- 茚	—	0.19	0.27	—	—	0.09
53	24.13	樟脑	0.12	0.62	0.28	0.05	0.23	—
54	24.30	4-甲基-十一烷	—	0.05	—	—	—	—
55	24.51	己酸苯甲酯	—	—	—	—	—	2.60
56	24.60	2-甲氧基 -3- (1-甲基丙基) - 吡嗪	0.19	—	0.25	0.11	—	—
57	24.73	对苯二甲醛 1, 4-dimethoxy-Benzene	—	0.06	0.08	0.05	—	0.12
58	24.80	1-壬醛	0.79	0.15	0.11	0.09	0.13	—

续表

序号	保留时间 (min)	挥发性物质成分	相对含量 (%)					
			峨边虾脊兰		翘距虾脊兰		肾唇虾脊兰	
			开放前	开放后	开放前	开放后	开放前	开放后
59	24.89	苯甲酸乙酯	—	—	—	0.05	—	3.67
60	24.98	丁二酸二乙酯	0.49	0.26	0.39	0.10	1.67	0.31
61	25.19	4-苯基-2-丁酮	—	0.04	—	0.21	—	—
62	25.27	(-)-4-萜品烯	—	—	—	—	—	0.74
63	25.46	丁酸己酯	—	0.03	—	0.01	—	0.11
64	25.58	辛酸己酯	0.45	0.97	0.44	0.13	0.47	1.89
65	25.74	正十二烷	0.13	2.78	0.14	0.17	0.18	0.46
66	25.81	(-)-桃金娘烯醇	—	—	—	—	—	—
67	25.99	癸醇	—	0.65	—	—	0.20	0.85
68	26.53	顺式-香芹酚	0.20	—	—	0.28	—	—
69	26.63	香茅醇	3.10	—	—	—	—	—
70	27.22	苯乙酸乙酯	—	0.04	—	—	—	—
71	27.41	(+)-香芹酮	—	—	—	0.04	—	—
72	27.57	顺式-薄荷基-2,8-二烯-1-醇	0.08	0.05	—	—	—	—
73	27.77	丙位辛内酯	—	—	—	0.03	—	48.01
74	28.01	香叶醛	0.05	—	—	—	—	0.34
75	28.15	水杨酸乙酯	0.21	—	—	0.48	—	0.34
76	28.69	6-十三烯	—	4.33	—	—	—	0.14
77	28.92	十三烯	—	16.11	—	0.01	—	0.15
78	29.04	吲哚	—	0.07	—	—	—	0.23
79	29.46	3-甲基-2-(2-戊烯基)环戊酮	0.07	—	—	—	—	—

续表

序号	保留时间 (min)	挥发性物质成分	峨边虾脊兰		翘距虾脊兰		肾唇虾脊兰	
			开放前	开放后	开放前	开放后	开放前	开放后
80	29.63	3,3-二乙氧基丙酸乙酯	0.27	0.25	0.47	0.04	1.31	—
81	29.70	3,7-二甲基-辛-6-烯酸乙酯	1.55	—	—	—	—	—
82	30.08	黏蒿三烯 2,5,5-trimethyl-1, 3,6-Heptatriene	—	—	—	0.04	—	—
83	30.37	庚基环己烷	—	0.08	—	—	—	0.13
84	30.47	苯甲酸乙酯	—	—	—	0.04	—	—
85	30.96	3-甲基-十三烷	0.18	0.14	0.10	—	—	0.22
86	31.14	醋酸香叶酯	—	0.03	—	—	—	—
87	31.22	依兰烯	—	—	—	0.01	—	0.06
88	31.28	(+)-环苜蓿烯	—	—	—	—	—	0.07
89	31.40	古巴烯	—	0.07	—	0.04	0.16	0.06
90	31.52	β-榄香烯	0.14	—	—	0.02	0.41	0.43
91	31.67	B-波旁烯	—	0.11	—	0.18	—	—
92	31.78	顺式茉莉酮	5.86	2.74	0.16	0.05	0.71	0.21
93	31.88	α-荜澄茄油烯	—	0.15	—	0.04	—	0.14
94	32.05	(-)-α-古芸烯	0.10	0.01	—	0.05	—	—
95	32.21	γ-桉叶烯	0.05	—	0.03	—	—	0.07
96	32.32	(-)-α-古芸烯	0.29	0.01	0.08	0.06	2.12	—
97	32.45	反式-5-甲基-3-(1-甲基乙烯)-环己烯	0.14	—	—	0.01	8.16	0.13

相对含量 (%)

续表

序号	保留时间 (min)	挥发性物质成分	相对含量 (%)					
			峨边虾脊兰		翘距虾脊兰		肾唇虾脊兰	
			开放前	开放后	开放前	开放后	开放前	开放后
98	32.62	2,异-丙基-5-甲基-9-亚甲基-二环[4.4.0]癸-1-烯	—	—	—	0.03	1.10	—
99	32.87	石竹烯	2.26	11.21	0.41	4.62	5.41	0.20
100	32.93	β-荜澄茄油烯	0.07	0.04	—	0.06	12.44	0.08
101	33.12	香叶基丙酮	—	0.13	—	0.02	—	0.08
102	33.23	(E)-金合欢烯	—	0.09	—	0.07	—	0.13
103	33.44	4-亚甲基-1-甲基-2-(2-甲基-1-丙烯-1基)-乙烯基-环庚烷-异戊二烯	0.05	—	—	0.02	1.07	—
104	33.65	α-石竹烯	0.06	0.11	—	0.07	0.24	—
105	33.78	(-)-别香橙烯	0.16	—	—	0.35	4.21	0.22
106	34.05	γ-摩勒烯	0.37	0.04	—	0.12	2.94	0.08
107	34.19	反式甲位佛手柑油烯	—	—	—	0.04	2.48	0.05
108	34.23	十一酸乙酯	—	0.09	—	—	—	—
109	34.29	大根香叶烯	—	—	—	0.49	—	0.70
110	34.42	正十五烷	0.07	0.97	—	—	—	0.14
111	34.47	(+)-瓦伦亚烯	—	—	—	0.03	—	—
112	34.59	α-金合欢烯	0.99	0.62	0.50	1.60	—	0.74
113	34.64	2,6-二叔丁基-4-甲基苯酚	—	0.26	—	0.35	1.21	—
114	35.11	4,9-杜松二烯	0.04	—	—	0.12	0.23	—
115	35.18	δ-杜松烯	0.08	—	0.05	0.23	—	—
116	35.32	菖蒲烯	0.19	0.08	—	0.04	0.29	0.20
117	35.60	1,4-杜松二烯	0.10	—	—	0.01	0.20	0.27

续表

序 号	保留时间 (min)	挥发性物质成分	相对含量 (%)					
			峨边虾脊兰		翘距虾脊兰		肾唇虾脊兰	
			开放前	开放后	开放前	开放后	开放前	开放后
118	35.63	2, 3- 二甲基 - 十一烷	0.13	0.13	—	—	—	0.21
119	35.71	α- 依兰油烯	—	0.07	—	0.02	—	—
120	35.81	α- 广藿香烯	—	0.13	—	—	—	—
121	35.86	α- 白菖考烯	—	0.11	—	—	—	0.42
122	36.10	橙花醇 2	0.41	0.66	—	0.09	0.34	0.43
123	36.25	3- 甲基 - 十六烷	0.12	—	—	0.01	0.21	—
124	36.76	十三烷酸乙酯	0.89	2.25	0.13	0.11	0.47	1.80
125	36.95	石竹烯氧化物	0.24	0.23	0.04	0.02	0.33	0.41
126	37.38	邻叔丁基苯酚 2- (1, 1-dimethylethyl) -Phenol	—	—	—	0.02	—	0.13
127	37.50	2- 乙基 -2- 甲基 - 十三醇	0.09	0.05	—	—	—	0.11
128	37.89	7, 9- 二甲基 - 十六烷	0.11	0.07	—	—	—	0.26
129	38.10	(+) - 桥 - 二环倍半水芹烯	0.08	0.10	—	—	—	0.18
130	38.23	二甲基 - 十六烷	0.38	0.07	—	—	0.34	0.14
131	38.37	α- 杜松醇	0.15	0.14	—	0.01	0.18	0.21
132	38.88	正十七烷	0.31	0.14	—	0.02	0.79	0.23
133	39.63	甲氧基乙酸 2- 十三烷酯	—	0.05	0.07	—	—	0.07
134	39.96	2- 甲基 - 十七烷	—	0.05	—	—	—	—
135	40.43	十四烷酸乙酯	0.46	0.13	0.07	0.10	0.22	1.45
136	42.09	十五烷酸乙酯	0.11	0.03	—	0.02	—	0.08
137	43.94	十六烷酸乙酯	0.15	0.08	—	0.04	—	0.21

2.3.2　3种虾脊兰植物总挥发性成分种类分析

3种虾脊兰挥发性物质中均萜烯类物质最为丰富，其次为酯类、醇类和烷烃类。峨边虾脊兰挥发性成分中萜烯类物质多达40种，酯类20种，烷烃类13种；翘距虾脊兰中挥发性成分中萜烯类物质多达51种，酯类14种，醇类7种；肾唇虾脊兰挥发性成分中萜烯类物质多达36种，酯类15种，醇类10种（图2-4）。

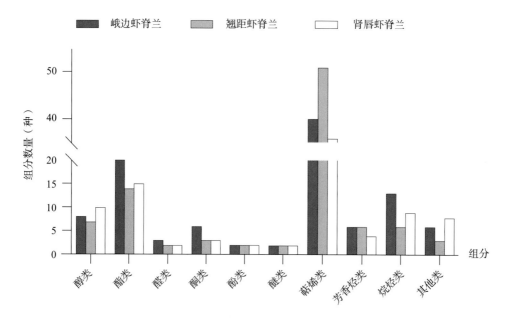

图2-4　3种虾脊兰植物挥发性物质成分中各类成分数量比较

2.3.3　3种虾脊兰开放前后主要挥发性化合物质分析

峨边虾脊兰中开放前后挥发性化合物中相对含量占比前十的成分分别是芳樟醇、十三烯、石竹烯、己酸己酯、罗勒烯、顺式茉莉酮、壬醛、6-十三烯、香茅醇、正十二烷。芳樟醇在峨边虾脊兰开放前相对含量已经达到63.75%，在开放后下降至15.95%，而十三烯、己酸己酯、罗勒烯、顺式茉莉酮、芳樟醇等萜烯类、酯类物质都在开放后物质含量有了明显的增加。翘距虾脊兰开放前后挥发性化合物中相对含量占比前十的成分分别是β-蒎烯、罗勒烯、D-柠檬烯、α-蒎烯、芳樟醇、己酸己酯、石竹烯、桉树油、壬醛、α-金合欢烯。翘距虾脊兰主要挥发性成分中除了罗勒烯、石竹烯和D-柠檬烯外，其他物质相对含量随着挥发性成分种类的增加都有不同程度的下降。肾唇虾脊兰中开放前后挥发性化合物中相对含量占比前十的成分分别是丙位辛内酯、D-柠檬烯、β-荜澄茄油烯、己酸己酯、反式-5-甲基-3-（1-甲基乙烯）-环乙烯、3-乙烯-1，2-二甲基-1，4-环己二烷、正丁基醚、壬醛、石竹烯、（-）-别香橙烯。肾唇虾脊兰开放前后物质变化较为明显，具有桃椰香甜气味的丙位辛内酯相对含量从0%升至48.01%。己酸己酯具有青果味，相对含量从0.78%升至9.14%。D-柠檬烯、β-荜澄茄油烯等在开放前相对含量较高，但在开放后较低（图2-5）。

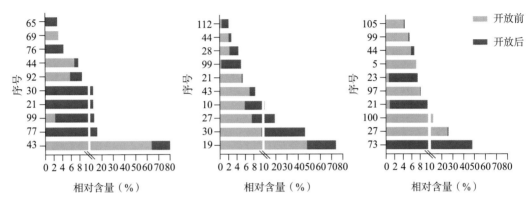

图2-5　3 种虾脊兰开放前后主要挥发性物质成分对比

2.3.4　3 种虾脊兰属植物挥发性组分 PCA 分析

对3种虾脊兰属挥发性组分进行PCA分析，峨边虾脊兰与肾唇虾脊兰在开放前后差异较大，翘距虾脊兰开放前后较为相似（图2-6）。肾唇虾脊兰开放前后

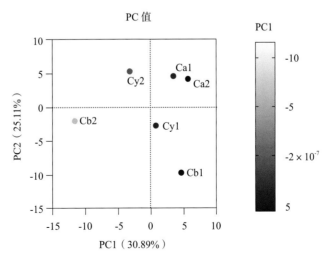

图2-6　3 种虾脊兰花朵开放前后挥发性物质成分 PCA 分析
Cy1.峨边虾脊兰花开放前；Cy2.峨边虾脊兰花开放后；Ca1.翘距虾脊兰花开放前；
Ca2.翘距虾脊兰花开放后；Cb1.肾唇虾脊兰花开放前；Cb2.肾唇虾脊兰花开放后

差异较大。相似度差异排序为开放前的肾唇虾脊兰（Cb1）>开放后的翘距虾脊兰（Ca2）>开放前的翘距虾脊兰（Ca1）>开放前的峨边虾脊兰（Cy1）>开放后的峨边虾脊兰（Cy2）>开放后的肾唇虾脊兰（Cy2）。

2.4　虾脊兰花香成分的转录组分析

以虾脊兰、叉唇虾脊兰、无距虾脊兰、翘距虾脊兰、银带虾脊兰、流苏虾脊兰和钩距虾脊兰为材料，对盛开时期的花朵样本进行转录组测序，获得虾脊兰属不同原生种中表达基因的转录本，从中筛选与花香形成的相关表达基因。

2.4.1　RNA 提取与质量检测

由图2-7可见，使用琼脂糖凝胶电泳检测已提取的RNA，7组共21个样本RNA条带清晰未拖尾。

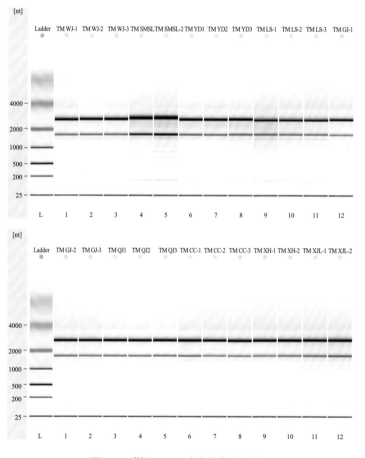

图 2-7　样品 RNA 琼脂糖凝胶电泳

RIN值代表RNA的完整性，数值越小说明降解越严重，10代表完整性最高。试验中设置7个分组，每组3个重复，共21个样本。样本RIN值在8.7~10之间，25S/18S在1.8~2.8之间，RNA质量较好，无DNA和杂质污染，无降解或轻微降解，可进行建库分析与后续试验。

2.4.2　测序质量评估和 Unigene 组装

7组21个样本的转录组测序后，经过低质量序列过滤处理获得Cleandata共139.44G，21个样本的有效数据量分布在6.08~7.02G，Q30碱基分布在91.02%~92.92%，GC含量范围46.55%~47.67%，平均GC含量为47.17%。

通过De novo拼接，不依赖参考基因组共拼接出Unigene 100715条，总长度为95650581bp，平均长度为949.72bp。Unigene长度在300~500bp之间的有40377条，在500~1000bp之间的有28407条，在1000~2000bp之间的有30895条，长度大于等于2000bp的有10369条。

2.4.3　功能注释

根据表2-8，7种虾脊兰转录组测序后得到的Unigene在NR、Swissprot、KEGG、KOG、eggNOG、GO和Pfam七大数据库中分别注释到59080条（58.66%）、39971条（39.69%）、11298条（11.22%）、33093条（32.86%）、51274条（50.91%）、35377条（35.13%）、34036条（33.79%）。根据表2-8，注释到NR和eggNOG数据库的基因均超过了总基因的50%。其中34021条（33.78%）被同时注释到5个及以上数据库中，表明基因注释可信度较高。

表 2-8　七大数据库注释统计

Anno 数据库	注释数量	300bp≤长度 <1000bp	长度≥1000bp
KOG	33093 条（32.86%）	14104 条（14.00%）	18989 条（18.85%）
GO	35377 条（35.13%）	13847 条（13.75%）	21530 条（21.38%）
Pfam	34036 条（33.79%）	10377 条（10.30%）	23659 条（23.49%）
Swissprot	39971 条（39.69%）	15946 条（15.83%）	24025 条（23.85%）
eggNOG	51274 条（50.91%）	22488 条（22.33%）	28786 条（28.58%）
NR	59080 条（58.66%）	29184 条（28.98%）	29896 条（29.68%）
KEGG	11298 条（11.22%）	4557 条（4.52%）	6741 条（6.69%）

在KOG数据库中，虾脊兰转录组测序获得的Unigene可分为25大类，注释基因中有10358条基因功能为一般功能预测，占31.30%。其次为蛋白质周转与分子伴侣，有3276条，占9.90%，信号转导代谢2881条，占6.90%。仅有12条、104条和122条注释到细胞运动、胞外结构和核结构。

2.4.4 差异表达基因分析

过滤counts均值<2的基因，利用DESeq2软件进行标准化处理和计算差异倍数，负二项分布（NB）检验差异显著性。筛选差异蛋白编码基因的条件为$q<0.05$且差异倍数$\log2$（foldChange）>1。

共设有GJ vs WJ、QJ vs WJ、CC vs WJ、XJL vs WJ、LS vs WJ和YD vs WJ 6个差异分组，差异基因数量分别为13126条、17323条、23163条、24249条、32327条、30710条。钩距虾脊兰对比无距虾脊兰（GJ vs WJ）的差异基因相差最少，其次是翘距虾脊兰和无距虾脊兰（QJ vs WJ）。流苏虾脊兰对比无距虾脊兰（LS vs WJ）的差异基因相差最大，其次是银带虾脊兰和无距虾脊兰（YD vs WJ）。如图2-8所示。

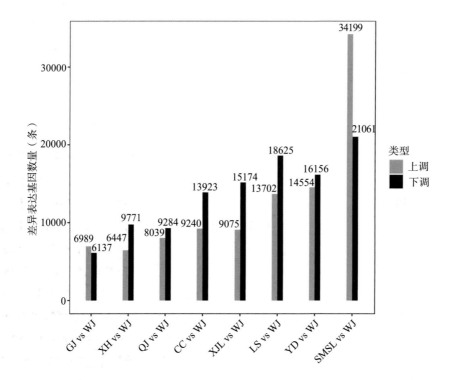

图2-8　差异表达基因统计

基因主要涉及细胞过程和代谢过程，KEGG代谢途径分析则显示差异基因主要参与苯丙素生物合成、淀粉和糖代谢和萜类骨架合成等

结合虾脊兰差异基因分析数据与花香成分分析研究，对萜烯类物质合成关键的TPS家族进行分析。通过转录组数据和生物信息学方法得到31个虾脊兰TPS家族基因，涉及TPS-a、TPS-b、TPS-c和TPSe/f 4个亚家族。*CdTPS11*和*CdTPS29*在盛花时期中的叉唇虾脊兰中未检测到表达，*CdTPS11*在翘距虾脊兰中也未发现。在NCBI上这些基因的功能被预测与α-松油醇合酶、S-芳樟醇合酶和大根香叶烯D合酶等的生物合成有关。7种虾脊兰萜烯类花香挥发性成分都种类丰富且相对含量占比较大，在叉唇虾脊兰花香挥发物中发现有（-）-4-萜品醇，虾脊兰和翘距虾脊兰中发现大根香叶烯D，在除虾脊兰外的6种虾脊兰中都发现了芳樟醇，未来可结合更多转录组与花香成分测定数据进行分析。

2.4.7 兰科植物花香相关研究情况

萜烯类化合物，主要包括单萜类和倍半萜，例如芳樟醇、罗勒烯、金合欢烯、茉莉酮、柠檬烯、石竹烯和橙花醇等，都是构成花香的常见萜烯类组分（Harborne et al.，2000）。单萜在细胞的质体中合成，异戊烯焦磷酸（IPP）可以异构化为二甲基烯丙基二磷酸（DMAPP），一个IPP分子与一个DMAPP分子在香叶基焦磷酸合酶（GPPS）催化的反应中缩合形成香叶基焦磷酸（GPP），这是所有单萜烯类化合物的前体。在植物的细胞质中，IPP来源于甲羟戊酸途径，并且两个IPP分子和一个DMAPP分子在法呢基焦磷酸合酶（FPPS）催化的反应中缩合形成法呢基焦磷酸（FPP），这是所有倍半萜烯类化合物的前体（Dudareva et al.，2000）。苯基/苯丙烷基类芳香族化合物起源于莽草酸途径，合成途径中主要调控酶为苯丙氨酸氨裂解酶（PAL），催化途径中的主要底物L-苯丙氨酸转变成醛、醇、烷烃、烯烃、醚和酯类等挥发性物质，构成了植物中的一大类次生代谢产物。其中许多是合成结构细胞重要结构成分、花青素和防御化合物的中间体。莽草酸途径将碳水化合物代谢与芳香族氨基酸的合成联系起来，芳香族氨基酸又可以作为各种一级和二级代谢物（如类苯）的前体。莽草酸途径的大多数酶已从各种植物中纯化，并且得到了较好的表征（Schuurink et al.，2006）。

脂肪酸衍生物包括小分子醛类或醇类，生物合成始于脂氧合酶（LOX）途径催化的异构氧化反应，底物为不饱和C18脂肪酸、亚油酸、亚麻酸等。蜂兰属（*Ophrys*）合成脂肪酸挥发物烯烃，用于吸引传粉者烯烃的生产需要脂肪酸的去饱和度，这一步骤可能是由酰基载体蛋白（ACP）脱饱和酶介导的。在

早蜂兰（*Ophrys sphegodes*）和*Ophrys exaltata*中鉴定出硬脂酰-ACP去饱和酶（SAD）的两种亚型，即SAD1和SAD2。

转录因子在调节基因在不同发育阶段和生理途径（包括植物次级代谢）的表达水平中起着关键作用。MYB 家族是植物中发现的突出群体，但花香依赖MYB的分子机制的研究仍然有限（Ramya et al.，2017）。最近在某些植物中报道了一些依赖于花香生物合成的转录调节，并且可以控制花香成分释放。在万代兰花香研究中，1–脱氧–木酮糖–5–磷酸还原异构酶基因在花半开期的萼片中表达量最高，且在14:00时相对表达量最高。迄今为止，只有少数试验研究了密切相关的开花物种之间气味差异的遗传基础。Hsiao从大叶蝴蝶兰花香转录组文库中提取香叶基焦磷酸合酶（*pbGDPS*）的全长DNA并测序。发现*pbGDPS*只在花器官中特异性表达，在花开始发育后第5d时表达量最高，这恰好是大叶蝴蝶兰单萜类花香成分达到释放高峰的时间。表明*pbGDPS*在大叶蝴蝶兰花香中起着重要作用。并且在无香的小兰屿蝴蝶兰或大叶蝴蝶兰（*Phalaenopsis violacea*）的无香气后代中并没有检测到*pbGDPS*表达。因此，*pbGDPS*可能在大叶蝴蝶兰花香味产生的调控中起关键作用（Schwab et al.，2008）。

另外，花香与花朵的开放进程有关联，一般在花朵开放之后到衰败之前花香成分的种类数量与浓度最高。花香成分中含萜烯类、苯丙烷和类苯化合物，酯类等化合物较多的植物在盛花期释放量最高（张辉秀 等，2013）。植物花香的组成成分和释放量呈现出显著的日变化规律，这可能是受到光照、温度等环境因素和昆虫活动的影响，这些原因同样可能导致花香在植物不同花发育阶段和不同时间变化（李艳华 等，2010）。

花香释放的变化规律与环境有密切关联。万代兰不同时期与同一天不同时间，花香成分都有所区别，在中半开期，苯基/苯丙烷类化合物释放量小于萜烯类，在盛开期，花香成分的释放量达到顶峰，萜烯类和苯基/苯丙烷类化合物在14:00达到释放最高峰（Mohd-Hairul et al.，2010）。花香释放尤其是与温度因素密切相关，鼓槌石斛一天中各时间段挥发性成分及释放值均不同，随着时间的变化，花香物质的种类及总释放量均呈先增多后减少的趋势，香气种类和总释放量均在14:00达到最高，这可能是由于在此时温度较高且光照充足，利于花香成分释放。与此结论类似的，在香水文心兰（*Oncidium* 'Sharry Baby'）和万代兰的花香研究中，随温度升高，花香成分的数量和相对释放量都明显增高（张莹 等，2018）。万代兰日香气变化规律研究中，萜类化合物和苯类/苯丙烷类化合物在6:00开始可以被检测到，在14:00左右达到高峰，在18:00后不再能检测到。各种环境因素对兰花花香形成和释放的影响机制还有待进一步地深入研究。

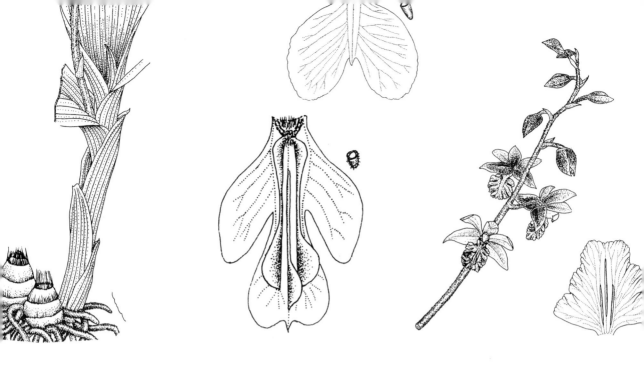

第3章
无距虾脊兰生长特性

　　兰花以其艳丽的花朵而著称，大多数种类具有很高的观赏价值，其中最具代表性的世界级花卉名品的野生兰有万代兰属（*Vanda*）、杓兰属（*Cypripedium*）、兰属（*Cymbidium*）、鹤顶兰属、独蒜兰属（*Pleione*）、兜兰属（*Paphiopedilum*）、虾脊兰属、石斛属（*Dendrobium*）、指甲兰属（*Aerides*）、槽舌兰属（*Holcoglossum*）等。有些种类还具有药用价值，其中最著名的有铁皮石斛、天麻（*Gastrodia elata*）、金线莲（*Anoectochilus roxburghii*）等（罗毅波 等，2003）。在巨大经济利益的驱动下，许多野生的兰科植物种类直接从栖息地转移到了园艺爱好者、药材采购商以及花卉经营者的手中。这种人为的直接采集对宝贵兰花资源的破坏无疑是非常巨大的，是造成一些种类濒危或灭绝的一个重要因素。此外，由于人口的迅速膨胀，工农业的不断发展，大量的森林被砍伐，生态系统正在受到严重的破坏，特别是中国热带地区天然森林的覆盖率正在迅速下降，其下降的速度远远超过世界热带森林的平均消失速度。生境的退化和人为的采挖导致了大多数野生兰科植物逐渐变为珍稀和濒危。因此，兰科植物保护理论研究和保育实践一直是保护生物学研究领域中的核心。近十多年来，对濒危、特有、珍稀物种的遗传多样性研究已成为生物多样性研究的热点。对兰科植物野生居群遗传多样性和遗传结构的研究工作在欧美开展得较早，但是相对于兰科植物庞大的家族，其涉及的种类并不是很多。我国兰花野生资源受到的威胁程度较为严重，对兰科植物保护生物学的研究工作还比较薄弱。

　　珍稀濒危植物的生存潜力、维持机制及受威胁的因素分析是保护生物学家关注的焦点之一。濒危物种的主要受威胁因素包括环境变化、生物相互作用以及自身遗传限制等方面。物种濒危等级（endangered category）即人为制定的衡量物种或生态系统濒危程度或受威胁状况的等级系统。国际和国内有许多濒危物种等级的划分标准，但总体来说，均是依据物种灭绝危险程度而划分。《中国植物红皮书》参考IUCN红皮书等级制定，采用"濒危""稀有"和"渐危"3个等级：①濒危，物种在其分布的全部或显著范围内有随时灭绝的危险。这类植物通常生长稀疏，个体数和种群数低，且分布高度狭域。由于栖息地丧失或破坏、过度开采等原因，其生存濒危。②稀有，物种虽无灭绝的直接危险，但其分布范围很窄或很分散或属于不常见的单种属或寡种属。③渐危，物种的生存受到人类活动和自然原因的威胁，这类物种由于毁林、栖息地退化及过度开采的原因在不久的将来有可能被归入"濒危"等级。

　　兰科（Orchidaceae）植物多为珍稀濒危植物，由于兰科植物生物学特性的复杂性使得兰科植物的保护工作变得困难。兰科植物生物学特性的研究可以有效管理野生兰科植物居群并且预测这些野生居群的未来命运，兰科植物生长特性的研究不仅有助于了解维持该物种生存的生态环境及其生活史的不同阶段所需的最佳生境，还可以为创造或维持最佳生境所必需采取的措施提供理论依据，在兰科植物的保护方面发挥巨大作用。

　　无距虾脊兰是虾脊兰属内最小花型的种类之一，也是少数几个唇瓣无距的物种之一，为中国特有的兰科植物。其假鳞茎近圆锥形，粗约1cm，具3~4枚鞘和2~3枚叶。叶在花期尚未完全展开，倒卵状披针形或长圆形，背面被短毛。

花莛出自当年生的叶丛中，直立，密被毛，接近中部具1枚鳞片状鞘；总状花序长14~16cm，疏生许多小花；花淡紫色；萼片相似，长圆形；花瓣近匙形，长5~6mm，中部以上宽约1.7mm，先端锐尖或稍钝，具3条脉，无毛；唇瓣基部合生于整个蕊柱翅上。花期4~5月。主要分布于浙江、江西、福建和贵州等地，生于海拔450~1450m的山坡林下、路边和阴湿岩石上。1951年我国学者在《植物分类学报》上对该物种进行了命名发表，模式标本采自浙江省西天目山。

本章节通过对浙江临安西天目山的野生无距虾脊兰的调查与定点观测，明确了该物种的基本生物学特性，如生长物候、花部形态、开花动态、繁殖特性等，对其营养器官的解剖结构及染色体核型进行观察，并探讨其对生态环境的适应机制，研究结果为虾脊兰的就地保护、引种驯化、杂交育种及种质资源保存等提供了基础性资料及科学依据。

3.1　无距虾脊兰的生长物候

植物的生长物候与分布地域的地理气候条件密切相关。研究地点为位于浙江临安的天目山国家级自然保护区，地理坐标为东经119°23′47″~119°28′27″、北纬30°18′30″~30°24′55″。主峰仙人顶海拔1506m。天目山位于浙江西北部，是皖南黄山山脉的分支，形成于古生代志留纪造山运动，是江南古陆的一部分，又经受第四纪冰川的作用，形成了复杂多变的地形地貌，森林植被茂盛，区系成分复杂。该地气候类型为亚热带季风气候，气候具有中亚热带向北亚热带过渡的特征，并受海洋湿暖气候的影响较深。年平均气温8.8~14.8℃，积温2500~5100℃，年雨日159.2~183.1d，年降水量1390~1870mm，无霜期209~235d，相对湿度76%~81%。

西天目山位于中亚热带北缘，冬季易受到北方南下寒流的影响，多有霜雪降临。调查发现，无距虾脊兰能耐0℃以下的低温，在霜雪覆盖下叶片能保持常绿不枯，生长于不同小生境的无距虾脊兰的长势没有明显的区别。西天目山最高海拔为1506m，无距虾脊兰主要分布在海拔470~550m处。无距虾脊兰野外分布区的植被为混交阔叶林或竹林，林分郁闭度为0.2~0.5，林内地面有散射光分布，忌阳光直射。地表枯枝落叶丰厚，草类稀疏。无距虾脊兰分布于山体的西南坡上，全部为地生，呈斑驳状分布，有群居生长的特性。多生长在有岩石裸露的地带，特别是腐殖质丰富、湿度较大且排水良好的岩石上或缝隙间，少数分布在岩石附近的林下地面。

天目山分布有多处无距虾脊兰的自然种群。选择未被破坏的、分布较为集中且植株数量较大的3个居群进行观察（图3-1）。居群1位于山体缓坡处麻栎（*Quercus acutissima*）林林中空地，主要的伴生植物有六角莲（*Dysosma pleiantha*）、春兰、鱼腥草（*Houttuynia cordata*）、箬竹（*Indocalamus tessellatus*）等；居群2位于山体陡坡上，高大乔木少，主要的伴生植物有鱼腥草、六角莲、马尾松（*Pinus massoniana*）、多花黄精（*Polygonatum cyrtonema*）、三叉耳蕨（*Polystichum tripteron*）等；居群3位于山涧溪流边，多石，潮湿，主要的伴生植物有毛竹（*Phyllostachys kwangsiensis*）、三叉耳蕨、多花黄精、玉竹（*Polygonatum odoratum*）、马尾松等。

无距虾脊兰每个基株可有多个分株，有的多达5~7个，少的则有1~2个。这些分株有的可在当年抽茎开花，有的则不开花。每年的10月至翌年的2月，当年生植株的根上长出新的假鳞茎，假鳞茎在春夏的生长季抽茎、开花、结实，同时老株叶片变黑死去，新株常绿过冬，且在其基部有新的假鳞茎萌动，开始新的生长周期。一个无性繁殖植株从萌芽至衰亡历时17~20个月。

对无距虾脊兰的植株生长发育的各个时期进行详细观察、记录，发现其物候特征具有以下特点：

（1）萌芽期：无距虾脊兰植株具有旺盛的无性幼芽萌发能力，10月开始，幼芽从当年生植株的基部抽出地面以上。随着温度的降低幼芽进入休眠季。这些幼芽一般为混合芽，含有花芽的幼苗在后面的生长季中则抽花茎、开花、结果，不含有花芽的幼苗则直接展叶，不再进行有性生长。

（2）开花期：假鳞茎向上生长，且直径变粗，高约10cm时，鞘稍微分开。每个开花的假鳞茎只有1个带花蕾的花茎开始从中间抽出。此时，叶子没有展开。花茎渐抽渐长，直到全部抽出，才有始花开放。植株上的花序开放顺序具有规律，花茎下部的花蕾先开放，逐渐向上依次盛开。开花期间，花序轴不再伸长。花期时叶子逐渐从鞘中抽出、长大。叶子翠绿，卵状披针形。

（3）果期：人工授粉试验表明，授粉3d后，花瓣枯萎、子房膨大。10d后，果实初具形状，表面上棱纹明显。对无距虾脊兰的野生居群进行观察，发现有自然结实的植株，但结实植株的数量较少，一般每个花茎上有1~4个果实。

（4）衰亡期：开花后1年叶子逐渐老化枯黄甚至干枯而死亡。

调查发现在调查的3个样点中，在2月即发现有实生幼苗萌芽，实生幼苗与无性繁殖的芽苗相比，植株明显较小。实生幼苗多生长在老株的株旁或叶下，一般具2片小叶，高约0.5cm，4月实生幼苗生长高达5~6cm。相对无性繁殖植株，其实生苗数量较少，实生苗比例不足50%，野生无距虾脊兰的繁殖方式以无性繁殖为主，同时兼具有性繁殖方式（表3-1）。

图 3-1　无距虾脊兰野生居群生长情况

表 3-1 无距虾脊兰野生居群调查

居 群	植株数量（株）	开花植株数量（株）	结实植株数量（株）	结实植株比例（%）	平均果实数（个）	上年残存果实数（个）	实生幼苗数（个）	实生幼苗数比例（%）
1	31	12	2	6.5	3	0	14	45.2
2	23	13	0	0.0	0	0	9	39.1
3	68	36	3	4.4	4	4	23	33.8

3.2 无距虾脊兰繁育系统

3.2.1 花部形态和开花动态

无距虾脊兰为总状花序，花序长8～24cm，由15～39朵花聚集而成。每朵花由3萼片、2花瓣、1唇瓣和蕊柱构成（图3-2a、b）。萼片和花瓣均为紫褐色带有白绿色的脉纹。唇瓣黄色分布有紫色斑点，基部合生于整个蕊柱翅上，有明显3裂，裂片等长。唇瓣的侧裂片先端正圆形，向前伸，而中裂片强烈内弯成90°～180°（图3-2c）。紫色花药包膜内有花粉块8个，近卵形，成2群，蜡质，多数具明显的黏盘（图3-2d）。经扫描电镜观察，花粉团由数以万计形状极不规则的单粒花粉粘结而成，单粒花粉之间无明显粘结物。花粉壁表面有微弱的小凹陷，未见萌发孔（图3-2e、f）。柱头位于唇瓣基部的前面，紫色，长椭圆形，表面有明显液体分泌物，花粉接受面朝下。子房长棒状，稍向下弯曲，被白绿色短毛。萼片、花瓣、唇瓣、花粉块、子房、和柱头等形态学指标的统计结果见表3-2。

图 3-2 无距虾脊兰花部特征

a. 盛开的无距虾脊兰；b. 花瓣和萼片；c. 唇瓣；d. 合蕊柱；e～f. 电镜下无距虾脊兰花药

表 3-2　无距虾脊兰花部形态学指标统计

特　征	萼　片	花　瓣	唇　瓣	花粉块	子　房	柱　头
长（cm）	7.34 ± 0.31	6.65 ± 0.29	3.53 ± 0.21	1.01 ± 0.07	1.78 ± 0.06	3.03 ± 0.19
宽（cm）	3.54 ± 0.17	1.91 ± 0.09	1.87 ± 0.11	0.51 ± 0.02	0.23 ± 0.01	0.97 ± 0.05

注：数据为平均数 ± 标准差（n=10）。

对调查居群内的所有植株进行开花物候观察，记录该居群的始花期、盛花期、末花期。无距虾脊兰在研究地区花期为3～4月。2011年3月18日群体第一朵花开放，为始花期；3月27日达到盛花期，有83%左右的花朵开放，单日开花占总开花数的38%。4月8日花全部开败，开始枯萎。花期持续时间为20d。2012年始花期为4月2日，盛花期出现在4月13日，有69%左右的花朵开放。4月20日达到末花期。花期持续时间为18d。无距虾脊兰单花开放时间7～9d，平均花期8.14d。

3.2.2　花粉生活力与柱头可授性

无距虾脊兰的单花平均花期为（9±3）d。由表3-3可以看出，开花当天的花粉萌发率最高，之后逐渐降低，开花9d后花粉萌发率显著降低，但在单花花期结束时，花粉依然具有一定的生活力。无距虾脊兰柱头上分布丰富的紫色黏性物质，表面微凹。柱头可授性在开花的前3d最强，从开花第4d起柱头可授性开始减弱，到开花第6d部分柱头已不具可授性，至开花第9d时，柱头萎蔫，变黑并失去黏性，完全丧失可授性。

表 3-3　无距虾脊兰的花粉活力与柱头可授性

开花天数 (d)	花粉萌发率 (%)	柱头可授性
1	81.71 ± 2.52a	＋＋
2	78.61+3.44ab	＋＋
3	76.11+2.09ab	＋＋
4	73.98+2.62ab	＋
5	72.23+1.66bc	＋
6	67.39+4.81cd	+/-
7	65.55+2.76d	+/-
8	61.02+1.69d	+/-
9	48.10+3.89e	-
10	36.03+2.78f	-
11	28.96+3.75g	-

注：数据后面的不同字母代表差异达到显著水平（$P<0.05$）；＋＋表示具有强可授性；＋表示具有可授性；+/-表示部分柱头具可授性；-表示不具可授性。

3.2.3 人工授粉试验

在其中一个居群中，标记240朵花进行人工自花传粉（120朵）和人工异花传粉（120朵），记录每朵花开放时间，分别从花开0d（刚开放）、1d、2d、3d、4d、5d时进行一个授粉处理，每个处理20朵，直至标记的花处理完毕，记录花朵的变化和结果状况。授粉3d后观察，授粉成功的子房变深绿色，子房膨大，授粉未成功子房自子房梗处开始变黄，逐渐萎蔫脱落；坐果率统计结果见表3-4。从表3-4可以看出无距虾脊兰开花当天授粉坐果率可达100%，这说明开花当天柱头已具有较强可授性，花粉活力较高。开花后前3d人工授粉后坐果率都可达100%，第4d和第5d，无距虾脊兰坐果率降低。无距虾脊兰人工授粉的异花授粉坐果率与自花授粉坐果率接近，且均显著高于自然条件下坐果率，说明无距虾脊兰有很高的自交亲和性。

表 3-4 无距虾脊兰人工自花与异花授粉的坐果率

授粉时间	人工自花授粉			人工异花授粉		
	授粉花数（朵）	坐果花数（朵）	坐果率（%）	授粉花数（朵）	坐果花数（朵）	坐果率（%）
开花后 0d	20	20	100	20	20	100
开花后 1d	20	20	100	20	20	100
开花后 2d	20	20	100	20	20	100
开花后 3d	20	20	100	20	20	100
开花后 4d	20	16	80	20	18	90
开花后 5d	20	15	75	20	10	50
合 计	120	111	93	120	108	90

3.2.4 无距虾脊兰繁育系统分析

无距虾脊兰的花为两性，其花色艳丽，这是其生殖阶段对传粉昆虫散播的引诱因素。无距虾脊兰有1个花瓣特化为唇瓣，唇瓣中裂片强烈内弯成90°~180°，可吸引昆虫并给昆虫提供立足的平台。无距虾脊兰花粉聚集成8个近卵形的花粉块，有利于昆虫在碰触到花药时，将花粉块全部带走，提高传粉效率。无距虾脊兰花粉块显著小于柱头，且柱头表面有明显液体分泌物，为花粉块的黏附提供了便利。正是因为无距虾脊兰这些传粉适应性特征，使得其野生居群有一定量的自然结实植株。

兰科植物有3种交配方式：自交、异交和混合交配。人工授粉结果显示，无距虾脊兰自花授粉和异花授粉坐果率都可达90%，表明其具高度自交和异交能力，是自交和杂交的混合交配系统。自交优势表现在生殖成功保障和传递两套完全相同的基因。但无距虾脊兰的自花受精会造成自交退化，即自交所产后代适应性降低。异交恰好弥补了自交的不足，可以提高居群遗传多样性，有利于对潜在环境变化的适应。缺点是异交的代价较高，受外界条件影响较大。无距虾脊兰在长期的进化进程中发展出一个折中的交配系统。这种交配系统可使无距虾脊兰既产生一些具遗传多样性的后代，又产生一些遗传基因稳定的后代。自然界兰科植物绝对自交或杂交的类群很少，大多是两者兼而有之的混合交配模式，如春兰、墨兰（*Cymbidium sinense*）和褐花杓兰（*Cypripedium smithii*）。控制这些交配方式的不仅有自身的遗传物质，还有环境条件。在生境入侵、不可靠的传粉条件（如：授粉者或交配对象稀少），居群的局部适应等特定的条件下，自交可能会受到青睐。如大根槽舌兰（*Holcoglossum amesianum*）在干旱和缺乏传粉昆虫条件下可自主进行自花传粉。

　　生境中有效的传粉昆虫可使开花植株产生果实，果实具有大量种子，少量种子可以有效地萌发成新的基株，结果表明无距虾脊兰有着有效的有性生殖方式。由于野生无距虾脊兰生长环境的不可预测，其开花、授粉过程面临着不良气候的影响。为避免生境条件导致繁殖失败、保障生命延续，在漫长的进化过程中，无距虾脊兰进化出另一种保障繁衍的机制，即无性繁殖，其假鳞茎无论开花与否均可产生无性芽以增加居群数量，这与疣花三角兰相似。相对有性生殖，无性繁殖产生的幼苗更多。野生无距虾脊兰主要以无性繁殖为主，每个基株可有多个分株，分株的空间分布较为密集，且与母株有一定的连接和整合。无性分株从当年生植株的基部抽出地面以上，母株叶子逐渐老化枯黄甚至干枯而死亡，这是为了避免亲代与子代之间的冲突，将有限资源留给新的植株。无性生殖作为一种生殖补偿机制，完全是为了有性生殖，其产生的克隆生长可以最大限度实现有性繁殖的成效，保持了其居群的繁衍能力。

3.3　花粉离体萌发及贮藏条件

　　于盛花期（3月下旬至4月上旬）晴天上午10：00左右，选取当天开放的无距虾脊兰健康花序，置于冰盒中迅速带回实验室。在体视镜（Olympus SZ61）下，用镊子去除药帽，用解剖针针头从黏盘处挑出花粉块。花粉萌发采用液体培养法，培养基基本成分同B-K（Brewbaker and Kwack）试液。在探讨每个培养基因子时，以不加该因子作为参照，设置不同的浓度。蔗糖设置6个浓度梯度：50g/L、100g/L、150g/L、200g/L、250g/L和300g/L；H_3BO_3、$Ca(NO_3)_2 \cdot 4H_2O$、

MgSO$_4$·7H$_2$O和KNO$_3$也各设置6个浓度梯度：10mg/L、20mg/L、30mg/L、40mg/L、50mg/L和60mg/L分别进行单因子筛选。每种培养液取5mL加入离心管中，每管放入4个花粉块，置25℃的生化培养箱内分别暗培养48h后，用移液枪分装培养液于双凹载玻片上，每孔200μL，于生物显微镜（Olympus CX41）下镜检，每种培养液观测5个玻片10个凹孔，每个凹孔观察50个花粉粒，统计花粉萌发率。花粉萌发以花粉管长度明显大于花粉粒直径为标准。花粉萌发率（%）＝（萌发的花粉粒数／花粉粒总数）×100。花粉管的长度用Image-Pro Express 6.0软件测量，至少选取50个已萌发花粉粒的花粉管，统计并计算出平均长度。

3.3.1 不同培养基组分对花粉离体培养的影响

（1）蔗糖

由图3-3可知，蔗糖是无距虾脊兰花粉萌发的必需条件，花粉在不含蔗糖的培养基中不能萌发。随着蔗糖浓度的增加，花粉萌发率逐渐上升，花粉管长度伸长。当蔗糖浓度达到200g/L时，花粉萌发率和花粉管长度都达到了最大值，分别为66.21%和198.11μm。当浓度继续增大至300g/L时，花粉萌发率降低为39.07%，但花粉管长度并无显著差异（$P>0.05$）。故，最佳的蔗糖浓度为200g/L。

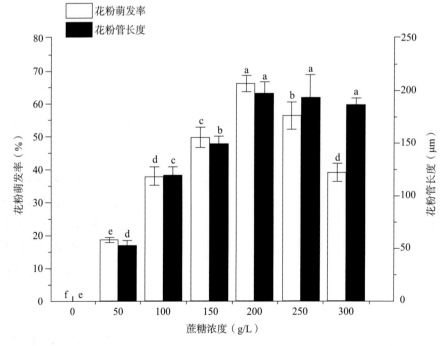

图3-3 蔗糖浓度对花粉萌发率及花粉管生长的影响

不同小写字母表示差异达5%显著水平，下同

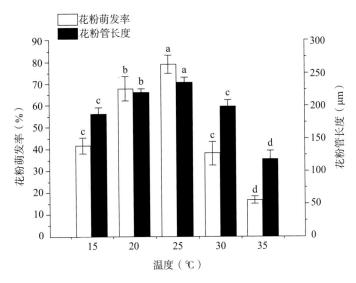

图 3-7　温度对花粉萌发率及花粉管生长的影响

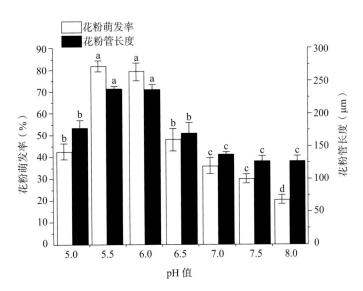

图 3-8　pH 值对花粉萌发率及花粉管生长的影响

3.3.4　花粉贮藏性测定

从表3-6中可以看出，无距虾脊兰花粉萌发率与贮藏条件密切相关。贮藏时间相同的情况下，低温下贮藏的花粉萌发率高于室温下的花粉萌发率。在25℃条件下贮藏48h后，无距虾脊兰花粉萌发力基本丧失。在4℃条件下贮藏10d后，花粉萌发率迅速下降为16.63%。-20℃和-80℃低温条件显著降低了花粉萌发率的下降速度，在贮藏360d后花粉仍然可以萌发，萌发率分别为26.61%和48.58%。在30d的贮藏时间内，-20℃和-80℃两个贮藏条件之间的花粉萌发率的差异并不显著（$P>0.05$）。但是90d后，-80℃贮藏条件下的无距虾脊兰花粉萌发率显著高于-20℃条件下的花粉萌发率（$P<0.05$）。因此，-80℃的贮藏效果最佳。取-80℃贮藏360d后的花粉进行授粉，坐果率达88.09%。

表 3-6　不同贮藏条件下无距虾脊兰的花粉萌发率

贮藏时间（d）	花粉萌发率（%）			
	25℃	4℃	-20℃	-80℃
0	81.71 ± 2.52a	81.71 ± 2.52a	81.71 ± 2.52a	81.71 ± 2.52a
10	0.00 ± 0.00h	16.63 ± 1.78g	74.66 ± 3.09b	78.36 ± 1.33ab
30	0.00 ± 0.00h	0.00 ± 0.00h	72.91 ± 1.98b	76.21 ± 3.18ab
90	0.00 ± 0.00h	0.00 ± 0.00h	58.06 ± 4.88d	65.67 ± 4.05c
150	0.00 ± 0.00h	0.00 ± 0.00h	48.13 ± 2.06e	57.38 ± 2.26d
360	0.00 ± 0.00h	0.00 ± 0.00h	26.61 ± 1.99f	48.58 ± 2.95e

注：数据后面的不同字母代表差异达到显著水平（$P<0.05$）。

3.4　无距虾脊兰营养器官解剖结构

3.4.1　无距虾脊兰叶片的解剖结构

无距虾脊兰通常具2片下垂基生叶，倒卵状披针形或长圆形，由表皮、叶肉和叶脉组成，叶脉为平行脉。

从横切面上看，叶片平均厚度为0.21mm，大叶脉处叶片平均厚度为0.38mm。上、下表皮一层，排列较为紧密，上表皮细胞多呈长方形，向内凸起，下表皮细胞呈不规则长方形或长椭圆形至圆形，具角质层（图3-9b）。上表皮细胞稍大于下表皮细胞，外切向壁较厚，有些下表皮细胞的外壁向外突起并伸长形成表皮毛（图3-9e）。气孔稍凸出于叶表面，孔下室较大（图3-9f）。叶肉由4~6层大小不一、含细胞间隙的薄壁细胞组成，无海绵组织和栅栏组织的分化，为等面叶，叶肉中有少量碳酸钙晶体和圆形气腔的存在（图3-9g、h），薄壁细胞中的叶绿体沿细胞壁分布。无距虾脊兰叶脉向背面凸出，大叶脉维管束为有限维管束，韧皮部被厚壁组织覆盖，呈半圆形，居远轴面。木质部由原生木质部和后生木质部组成，位于近轴面，导管口径较小的原生木质部紧接着韧

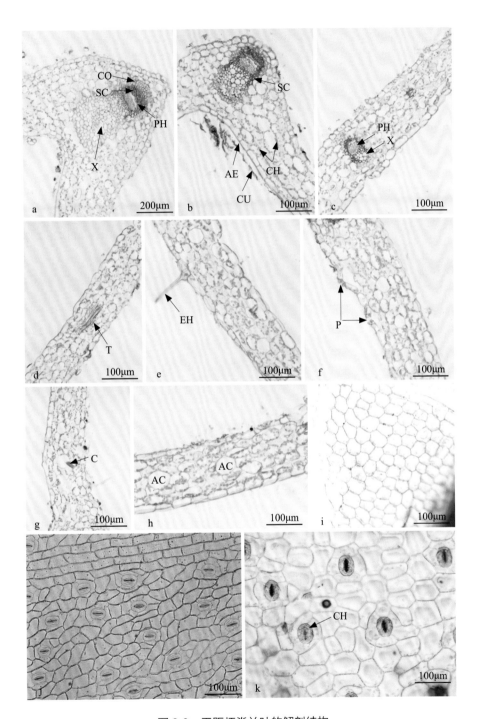

图 3-9　无距虾脊兰叶的解剖结构

a. 大叶脉；b~c. 小叶脉；d. 叶（示管胞）；e. 叶（示表皮毛）；f. 叶（示气孔器）；g. 叶（示晶体）；
h. 叶（示气腔）；i. 上表皮；j~k. 下表皮

SC. 厚壁组织；PH. 韧皮部；X. 木质部；AE. 上表皮；CU. 角质层；CH. 叶绿体；T. 管胞；EH. 表皮毛；
P. 气孔；C. 晶体；AC. 气腔

皮部分布，后生木质部导管口径较大，不同管径大小的导管中夹杂着小型木薄壁细胞。大叶脉中木质部占维管组织的面积为韧皮部的5倍以上，维管组织最外层包围着细胞壁显著增厚的厚壁组织（图3-9a）。

侧脉维管束相比于主脉维管束，除侧脉维管束更小，机械组织没有主脉维管束发达外，无其他差异。相邻两侧脉之间存在一些更细小的叶脉，维管束发育程度较低（图3-9c）或者仅由几个管胞构成（图3-9d）。

上表皮细胞形状不规则，差异较大，无表皮毛和气孔器的分布（图3-9i）。下表皮细胞为不规则多边形，彼此紧密嵌合，垂周壁平直，有少量表皮毛和气孔器的分布，叶脉处的下表皮细胞为细长方形，长径与叶的长轴平行呈纵行排列（图3-9j）。气孔器为椭圆形，由气孔和一对保卫细胞构成，保卫细胞内有叶绿体的分布（图3-9k），每个气孔器与4或5个表皮细胞相邻，叶片中部气孔密度平均为52个/mm²。

3.4.2 无距虾脊兰根的解剖结构

无距虾脊兰成熟植株根直径平均为1.65mm，长度可达40cm以上，簇生于假鳞茎上，肉质。

根尖呈乳白色，根尖细胞中可观察到晶体的存在，成熟区细胞无明显的根毛形成。根中部横切面显示根由根被、皮层、维管柱三部分组成（图3-10a）。根被由4~5层薄壁细胞组成，覆盖在根的最外围，细胞排列紧密，无细胞间隙，为死细胞，最外层根被细胞常磨损脱落（图3-10a、e、f）。第二层根被细胞外切向壁近平直，明显长于径向壁，第三、四层细胞多为等径细胞，最内层根被由不规则的多边形细胞构成（图3-10e、f）。数量较少的最外层根被外切向壁向外凸起形成根毛（图3-10e）。皮层具显著的外皮层、皮层薄壁细胞和内皮层之分，外皮层细胞稍呈径向伸长，为全面或马蹄形增厚的五边形或六边形细胞（图3-10f）。皮层薄壁细胞由8~10层组成，占根部的比例可达60%，细胞间隙明显可见，其中含有大量的淀粉粒、晶体等内含物（图3-10a、e、f）。某些外皮层细胞中可见菌丝的侵染。本试验还观察到疑似因细菌侵入导致表皮和根被细胞被破坏、部分薄壁细胞异常增大并呈套环状，中间为被破坏、挤压的薄壁细胞（图3-10e、m）。内皮层细胞类纺锤形或矩形，除正对木质部脊处的内皮层细胞为薄壁的通道细胞，其余内皮层细胞的细胞壁全面增厚（图3-10b）。

由横切面可见中柱由中柱鞘、维管组织和髓组成。中柱鞘为一层由厚壁细胞和薄壁细胞组成的结构，环绕在中柱最外方，紧靠内皮层，正对木质部

究，结果表明，无距虾脊兰的体细胞染色体数为$2n=40$，二倍体，核型公式为$2n=2x=40=28m+10sm+2st$。主要由中部着丝粒染色体和近中部着丝粒染色体组成，其中近端部着丝粒染色体为第4对，占5%；第1、2、3、15、20对为近中部着丝粒染色体，占25%；其余的都为中部着丝粒染色体，占70%；缺乏端部着丝粒染色体类型，未观察到随体结构。染色体相对长度系数组成为$2n=40=8L+10M_2+16M_1+6S$，核不对称系数为59.84%，臂指数为78，最长染色体与最短染色体的比值为2.08，臂比大于2的染色体百分率为15%，所以核型分类属于2B型，较为对称。核型参数见表3-7；染色体核型图与核型模式图见图3-11。

表 3-7　无距虾脊兰的核型参数

序　号	相对长度（%）	相对长度系数	臂　比	着丝点位置
1	4.34+2.43=6.77	1.35（L）	1.79	sm
2	4.79+1.89=6.68	1.34（L）	2.53	sm
3	4.62+1.86=6.48	1.30（L）	2.48	sm
4	3.31+3.14=6.45	1.29（L）	1.05	m
5	3.33+2.61=5.94	1.19（M_2）	1.28	m
6	2.82+2.50=5.32	1.06（M_2）	1.13	m
7	3.04+2.20=5.24	1.05（M_2）	1.38	m
8	2.96+2.26=5.22	1.04（M_2）	1.31	m
9	2.65+2.56=5.21	1.04（M_2）	1.04	m
10	2.50+2.37=4.87	0.97（M_1）	1.05	m
11	2.56+2.24=4.80	0.96（M_1）	1.11	m
12	2.49+2.21=4.70	0.94（M_1）	1.14	m
13	2.95+1.72=4.67	0.93（M_1）	1.72	m
14	3.77+0.89=4.66	0.93（M_1）	4.24	st
15	2.96+1.61=4.57	0.91（M_1）	1.84	sm
16	2.48+1.88=4.36	0.87（M_1）	1.32	m
17	2.16+1.62=3.78	0.76（M_1）	1.33	m
18	1.99+1.53=3.52	0.70（S）	1.30	m
19	2.02+1.48=3.50	0.70（S）	1.36	m
20	2.10+1.16=3.26	0.65（S）	1.81	sm

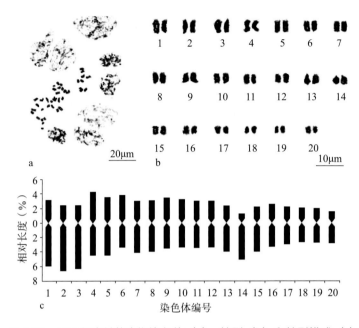

图 3-11　无距虾脊兰的中期染色体（a）、核型（b）和核型模式（c）

目前，对虾脊兰属染色体数目报道的主要有三褶虾脊兰（$2n=38$）、虾脊兰（$2n=40$）、泽泻虾脊兰（$2n=44$）、二裂虾脊兰（$2n=38$）、肾唇虾脊兰（$2n=48$）、绿白虾脊兰（*Calanthe chloroleuca*）（$2n=56$）、西南虾脊兰（$2n=44$）、长距虾脊兰（$2n=52$）、镰萼虾脊兰（$2n=42$）、三棱虾脊兰（$2n=42$）、钩距虾脊兰（$2n=40$）以及二列叶虾脊兰（$2n=40$）等。可见虾脊兰属种间染色体数目变异范围较大。Cox等（1997）的研究表明兜兰属植物存在着同样的现象，并指出这种属内的染色体数目的多样性现象可能是由于染色体在核型进化过程发生了罗伯逊变化（Robertsonian change），从而导致新染色体的产生，一般来说，属内染色体数目较多的属于更进化类型。所以，推测无距虾脊兰在虾脊兰属中可能属较原始类型，但还需要发育学和分子生物学等方面的证据进行进一步验证。

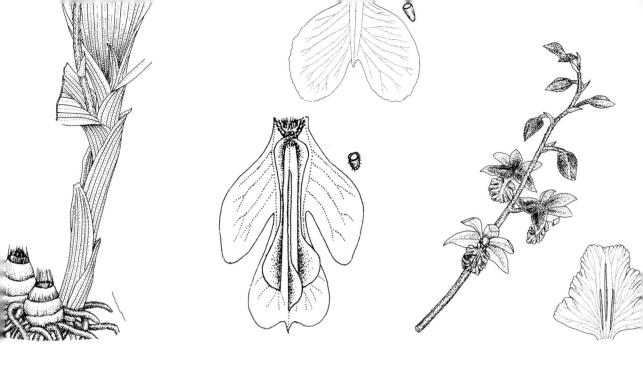

第4章
无距虾脊兰的遗传多样性分析

　　遗传多样性和生态系统多样性、物种多样性是生物多样性的三个主要层次，其中遗传多样性是后两者的基础。广义的遗传多样性就是地球上所有生物所携带遗传信息的总和；狭义上讲，遗传多样性是指种内基因的变化，包括不同群体之间或同一群体内不同个体的遗传多样性，或称遗传变异。遗传变异水平的高低是遗传多样性最直接的表达形式；遗传多样性还包括遗传变异的分布格局，即群体的遗传结构。群体的遗传结构是指遗传变异在物种或群体中的一种非随机分布。群体遗传结构上的差异是遗传多样性的一种重要体现。因此，一个物种的进化潜力和抵御不良环境的能力既取决于种内遗传变异的大小，也有赖于群体的遗传结构。

　　检测遗传多样性的方法随生物学尤其是遗传学和分子生物学的发展而不断提高和完善，可以根据遗传多样性的体现水平，从形态学、细胞学、蛋白质以及DNA分子等各个水平上建立起相应的检测方法。迄今为止，不同水平上检测遗传多样性的各种方法在灵敏度、可行性以及检测目的等方面差别很大，在理论上或实际研究中也都有各自的优点和局限，还找不到一种能完全取代其他方法的技术。不管研究是在什么层次上进行，其目的都在于揭示遗传物质的变异。各种方法都能从各自的角度提供有价值的资料，都有助于我们认识遗传多样性及其中的生物学意义。

　　分子标记是以物种居群间或者个体间特异DNA片段的差异性为基础的一种遗传标记，是其生物多样性的本质内容——DNA多态性的直接反应。DNA分子

标记具有很多其他标记无可比拟的优点：第一，大多数天然植物群体中存在着很多的等位变异，所以能揭示的多态性较高（尹伟伦 等，2009）；第二，分子标记的数量一般很多，有时几乎可以遍布整个基因组（周延清，2005）；第三，由于是以DNA形式直接体现，没有上位性效应，所以并不受到其发育时期和环境条件的限制（Li et al.，2008）；第四，一般只需很少的原材料，对植物的伤害小；第五，不会影响到目标性状的表达，和不良性状没有必然连锁（周延清，2005）。随着现代分子生物学以及基因组学的迅速发展，越来越多的分子标记技术被开发出来，并已经被广泛地应用于植物的居群遗传多样性及遗传结构分析中。目前，应用于兰科植物多样性分析的最常用分子标记技术有简单重复序列（single sequence repeat，SSR）、随机扩增多态性DNA（random amplified polymorphicDNA，RAPD）、扩增片段长度多态性（amplified fragment length polymorphism，AFLP）、简单序列重复间区（inter simple sequence repeat，ISSR）等。

　　真核生物在DNA复制或修复过程中DNA的滑动和错配，或者在有丝分裂和减数分裂时姐妹染色单体的不均等交换产生了简单重复序列（SSR）。SSR广泛存在于真核生物基因组的不同位置，而且分布比较均匀，主要以两个核苷酸为重复单元，如（AT）$_n$和（CA）$_n$，也有一些微卫星重复单元为3个核苷酸、如（GGC）$_n$，少数为4个核苷酸或者更多（周延清，2005）。正是由于基因组的这种特点，才出现了SSR以及ISSR（inter simple sequence repeat，ISSR）标记技术。ISSR技术是由加拿大蒙特利尔大学的Zietkiewicz 等（1994）创建的。它以锚定的简单重复序列（SSR）为引物，即在微卫星DNA的3'端或5'端加上1~4个随机核苷酸，锚定的引物可以在PCR反应中引起特定位点的退火，进

表 4-5　正交试验各因数间的方差分析

变异来源	Ⅲ型平方和	自由度	均　方	F 值
Mg^{2+}	74.729	3	24.910	56.937**
dNTPs	31.896	3	10.632	24.302**
引物	40.729	3	13.576	31.032**
模板 DNA	92.229	3	30.743	70.270**
Taq DNA 聚合酶	20.729	3	6.910	15.794**
误　差	14.000	32	0.438	
总　计	2421.000	48		
校正的总计	274.312	47		

注：** 表示在 0.01 水平差异显著。

4.1.3　各因素不同水平对无距虾脊兰 ISSR-PCR 扩增的影响

Mg^{2+}对Taq DNA聚合酶的活性会产生重要的影响，当反应体系中的Mg^{2+}浓度过高时反应特异性会降低，并会增加背景干扰，而浓度过低时则会降低扩增的产率，本试验设置Mg^{2+}浓度在1.5~3.0mmol/L的范围内，当Mg^{2+}浓度为3.0mmol/L时扩增的条带数最多（图4-3a）。dNTPs是PCR反应的原料，其浓度直接影响到扩增的结果，图4-3b的结果显示当dNTP浓度为0.3mmol/L时扩增效果最佳。引物和模板的浓度也会对PCR扩增的效果会产生影响，若浓度太低则会降低扩增产量，太高则会增加形成非特异性产物的概率，图2-3c和图2-3d的结果显示随着引物浓度的增加，扩增的DNA条带数先增后降，但引物浓度和模板浓度分别为0.4μmol/L和2.5ng/μL时扩增条带数达到最大值。Taq DNA聚合酶也是PCR反应中的关键性因素，浓度过高或过低都会影响扩增效果，本试验结果显示当Taq DNA聚合酶浓度为0.08U/μL时，扩增条带数最多。最后，综合考虑各因素在不同水平下扩增的清晰度（图4-2）和扩增的条带数（图4-3），筛选出最优的水平组合为3.0mmol/L Mg^{2+}、0.3mmol/L dNTP、0.4μmol/L引物、2.5ng/μL模板DNA和0.08U/μL Taq DNA聚合酶。

退火温度会显著影响PCR扩增条带。本试验在引物理论T_m值的基础上设置了8个梯度，可以看出退火温度越高PCR反应的特异性越强，当高于51.3℃时，产物多态性偏低；当退火温度越来越低时特异性变差，主带也会变得不明显（图4-4）。退火温度为47.0℃时条带较多，亮度适宜。因此，我们确定47.0℃为引物UBC827的最佳退火温度。

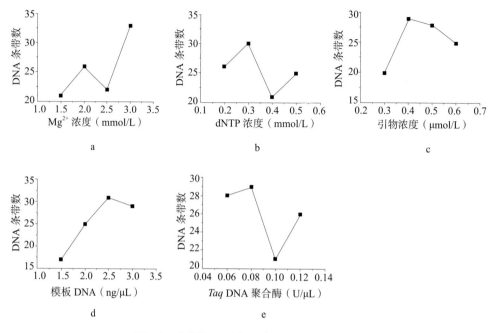

图 4-3　各因素不同水平对 ISSR-PCR 的影响

　　PCR循环的次数决定其扩增程度。本试验在30～50次循环数间设置了5个梯度。当循环数为30时没有扩增出可识别条带，当循环数小于40时条带数较少，当循环数高于40时非特异性产物随之增多且拖带严重（图4-5）。相比之下，当循环数为40时，条带较多且清晰度较高。因此，确定40次为最佳的循环数。

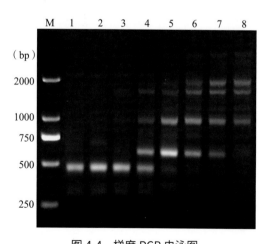

图 4-4　梯度 PCR 电泳图

M. DL 2000DNA 分子量标准；1~8. 退火温度分别
为 55.0、54.4、53.3、51.3、48.9、47.0、45.6 和 45.0℃

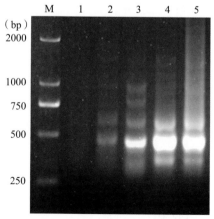

图 4-5　不同循环次数的电泳图

M. DL 2000DNA 分子量标准；1~5. 循环
数分别为 30、35、40、45 和 50 次

4.1.4　ISSR 反应体系稳定性的检测

利用筛选出的最佳反应体系对无距虾脊兰部分个体进行稳定性的检测。由图4-6可以看出，无距虾脊兰最优反应体系所产生的ISSR标记位点背景清晰，多态性丰富，重复性较好，反应体系较为稳定，可应用于无距虾脊兰居群遗传变异与遗传多样性的后续研究。

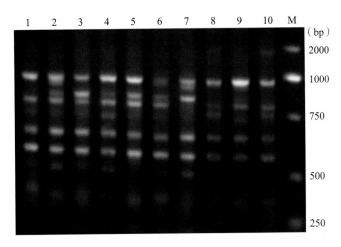

图 4-6　优化后的 ISSR-PCR 体系对无距虾脊兰个体的扩增结果

4.2　无距虾脊兰遗传多样性分析

从各居群任意选取2个DNA样品为模板，从加拿大哥伦比亚大学设计的100个引物[生工生物工程（上海）股份有限公司]当中筛选出扩增条带清晰、稳定性和重复性好、多态性高的引物11条（表4-6），用这些引物对所采集的6个居群共104株无距虾脊兰个体进行PCR扩增并统计分析。

表 4-6　用于本试验的 ISSR 引物及其序列

引物编号	序列（5'→3'）	退火温度（℃）	引物编号	序列（5'→3'）	退火温度（℃）
UBC813	（CT）8T	50	UBC845	（CT）8RG	52
UBC818	（CA）8G	52	UBC859	（CG）8RC	52
UBC824	（TC）8G	51	UBC868	（GAA）6	48
UBC828	（TG）8A	51	UBC873	（GACA）4	49
UBC834	（AG）8YT	50	UBC881	（GGGTG）3	56
UBC843	（CT）8RA	50			

注：Y=（C，T）；R=（A，G）。

采用所建立和优化的ISSR-PCR体系进行PCR扩增：25μL的体系中含3.0mmol/L Mg^{2+}、0.3mmol/L dNTP、0.4μmol/L 引物、2.5ng/μL 模板DNA、0.08 U/μL *Taq* DNA聚合酶以及1×PCR buffer；扩增程序为94℃预变性5min；94℃变性1min，退火1min（根据不同引物选择不同的退火温度，表4-6），72℃延伸1min，循环40次；72℃延伸10min；12℃终止反应。PCR产物在1.8%的琼脂糖凝胶上以5V/cm的电压电泳90min，紫外光下凝胶成像系统观察拍照保存。

电泳图谱中的每个条带就代表引物与模板DNA的一对结合位点，即视为一个有效分子标记。同一引物扩增得到产物的电泳迁移率相同的条带被认为具同源性，从而被归属于同一位点的产物。依据DNA Marker判断电泳图谱中相应的位置上有无扩增产物以及产物分子量大小，为了减少人为因素的干扰，只有清晰可辨的条带才被记录，模糊不清而无法准确标识的条带则忽略不计。将电泳图谱中清晰的条带记作"1"，否则记作"0"，建立1/0二元数据矩阵。

在假设居群处于 Hardy-Weinberg 平衡状态的条件下，采用POPGENE version 1.32 软件计算无距虾脊兰全部居群以及各个居群的遗传多样性指数。如观测等位基因数（observed number of alleles，N_a）、有效等位基因数（effective number of alleles，N_e）、Nei 基因多样性指数或者期望杂合度（Nei's genediversity，H）、Shannon 信息指数（Shannon's information index，I）；多态位点百分率（percentage of polymorphic loci，*PPL*）、居群总遗传变异（total geneticdiversity，H_t）、居群内的遗传变异（genetic diversity within populations，H_s）、居群间遗传分化系数（genetic differentiation among populations，G_{st}）、基因流（gene flow，N_m）、Nei 遗传距离（Nei's geneticdistance，D）和遗传一致度（genetic identity，T）。其中，居群间遗传分化系数是根据Nei（1973）的基因多度法计算：$G_{st}=(H_t-H_s)/H_t$，而基因流是根据McDermott等（1993）的方法计算：$N_m=0.5(1-G_{st})/G_{st}$。

在NTSYS-pc version 2.20软件中采用非加权配对算术平均法（unweighted pair group with arithmetic average，UPGMA）对各无距虾脊兰个体之间采用Jaccard系数进行聚类分析，并基于居群间的Nei遗传距离检测各居群间的遗传关系。应用 GenAlEx version 6.5软件对居群间与居群内的遗传变异进行分子变异分析（analysis of molecular variance，AMOVA），计算得出变异组分、变异百分比、遗传分化参数Φ_{pt}。利用相同的软件对所有无距虾脊兰个体进行主坐标分析（principal coordinates analysis，PCoA）。运用软件TFPGA version 1.3 Mantel 检验分析各个居群间遗传距离与地理距离的相关性。

通过STRUCTURE version 2.3.4软件对无距虾脊兰居群进行遗传结构分析，使用马尔可夫链（Markov's chain Monte Carlo，MCMC）的统计方法，把

Structure 参数"Burnin Period"与"After Burnin"分别设置为50000和100000次，K值取1~7，每个K值各独立运行10次。将STRUCTURE分析后的输出文件应用于Structure Harvester version 0.6.93网页，计算每个K值所对应的ΔK值，依据Evanno 等（2005）的方法得出最佳的K值，即是居群遗传结构的群体数。

4.2.1　无距虾脊兰的遗传多样性水平

筛选出的11条引物对无距虾脊兰的6个天然居群共104个个体进行扩增，所得的片段一般在100~2000bp之间。总共检测到124个清晰可辨的有效位点（引物UBC828的部分扩增结果见图4-7），其中多态位点有120个，表明无距虾脊兰物种水平上的多态性位点百分率PPL为96.77%。

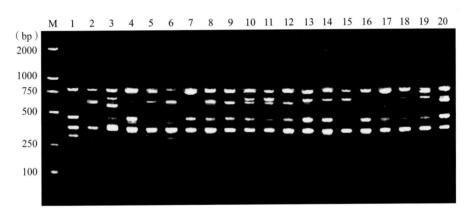

图 4-7　引物 UBC828 对 SZ 居群个体的扩增图谱

POPGENE的分析结果显示：在物种水平上，观测等位基因数（N_a）为1.9677，有效等位基因数（N_e）为1.7200，Nei 基因多样性指数（H）为0.3978，Shannon 信息指数（I）为0.5758；而在居群水平上观测等位基因数（N_a）为1.5000，有效等位基因数（N_e）为1.3179，Nei 基因多样性指数（H）为0.1826，Shannon 信息指数（I）为0.2706，多态位点百分率则为50.00%；各个居群的遗传多样性水平并不均衡，且变化幅度较大，其中SZ居群的遗传多样性水平最丰富（PPL=72.58%，H=0.2839，I=0.4154），而WN居群的遗传变异水平则最低（PPL=30.65%，H=0.1186，I=0.1741）（表4-7）。

与其他基于同种分子标记分析的兰科植物相比较，无距虾脊兰物种水平上的遗传多样性（PPL=96.77%，H=0.3978，I=0.5758）明显高于其平均水平（PPL=68.91%，H=0.2839，I=0.4119）。建兰（*Cymbidium ensifolium*）（PPL=100.00%，H=0.3787，

表 4-7　无距虾脊兰居群的遗传多样性统计

居群编号	N_a	N_e	H	I	PPL (%)
LA	1.4194（0.4955）	1.2861（0.3783）	0.1627（0.2062）	0.2385（0.2960）	41.94
RJ	1.5242（0.5014）	1.3136（0.3774）	0.1824（0.2003）	0.2732（0.2866）	52.42
SZ	1.7258（0.4479）	1.5037（0.3892）	0.2839（0.2014）	0.4154（0.2820）	72.58
TR	1.6935（0.4629）	1.3790（0.3600）	0.2258（0.1918）	0.3424（0.2705）	69.35
WN	1.3065（0.4629）	1.2103（0.3561）	0.1186（0.1907）	0.1741（0.2735）	30.65
WYS	1.3306（0.4724）	1.2146（0.3515）	0.1222（0.1911）	0.1802（0.2746）	33.06
平均值	1.5000（0.4738）	1.3179（0.3688）	0.1826（0.1969）	0.2706（0.2805）	50.00
物种水平	1.9677（0.1774）	1.7200（0.2854）	0.3978（0.1285）	0.5758（0.1641）	96.77

注：N_a 为观测等位基因数（observed number of alleles）；N_e 为有效等位基因数（effective number of alleles，）；H 为 Nei 基因多样性指数或者期望杂合度（Nei's genediversity）；I 为 Shannon 信息指数（Shannon's information index）；PPL 为多态位点百分率（the percentage of polymorphic loci）。

I=0.5564）和硬叶兜兰（*Paphiopedilum micranthum*）的物种遗传多样性水平（PPL=91.66%，H=0.3839，I=0.5646）与无距虾脊兰的最为相近。通常认为广布种要比狭域种、特有种及濒危种的遗传多样性水平高（李昂 等，2002；Yu et al.，2011）。然而也有报道表明有些狭域种、特有种和濒危种也能够保持较高的遗传变异水平（Li et al.，2007）。影响遗传多样性水平的因素包括物种过去与现在的居群大小、居群瓶颈效应、繁育系统、不同的突变率、自然选择、居群间个体的迁出和迁入。物种水平上的高遗传多样性说明了无距虾脊兰可能在历史上曾经广泛分布，在地质历史时期没有遭受到冰川覆盖的严重影响，其祖先丰富的遗传基础才得以继承与保留。植物的繁育方式对物种遗传多样性水平的高低有着非常重要的影响。无距虾脊兰丰富的物种遗传多样性水平与其依靠假鳞茎进行的无性繁殖有关。有性繁殖产生了杂合的子代，从而通过这些杂合个体的无性繁殖将其杂合基因位点固定下来，并维持其丰富的遗传变异水平。高丽等（2006）推测在有性生殖相对缺乏的兰科植物中，体细胞突变可能是增加其物种遗传多样性的一个因素。

4.2.2　无距虾脊兰居群间的遗传分化程度

POPGENE检测的无距虾脊兰居群间的遗传变异显示（表4-8），居群总遗传变异（H_t）为0.4062，而居群内的遗传变异（H_s）为0.1826，故居群间遗传分化系数（G_{st}）是0.5504，表明有55.04%的遗传变异是存在于居群间，而剩余的44.96%的遗传变异则分布于居群内。居群间的基因交流程度有限，基因流（N_m）0.4084，小于1（表4-8）。GenAlEx软件的AMOVA分析结果进一步证明了多数的遗传变异存在于居群间（表4-9）：居群间的遗传变异比率（Φ_{pt}）为0.522，居群间与居群内的差异均极显著（$P<0.001$）。虽然不同方法分析的结果在数值有少许的差异，但所反映的无距虾脊兰的遗传基本分化趋势是一致的，即都表明了居群间的遗传分化大于其居群内的遗传分化。

表 4-8　无距虾脊兰居群的遗传变异统计

项　目	H_t	H_s	G_{st}	N_m
平均值	0.4062（0.0161）	0.1826（0.0114）	0.5504	0.4084

注：H_t 为居群总遗传变异（total genetic diversity）；H_s 为居群内的遗传变异（genetic diversity within populations，）；G_{st} 为居群间遗传分化系数（genetic differentiation among populations）；N_m 为基因流（gene flow）；括号内的值为标准差。

表 4-9　无距虾脊兰居群的 AMOVA 分析结果

变异来源	df	SSD	MSD	VC	TVP	Φ_{pt}	P
居群间	5	1252.535	250.507	13.878	52%	0.522	<0.001
居群内	98	1246.456	12.719	12.719	48%		
总　和	103	2498.991		26.597	100%		

注：df 为自由度（degree of freedom）；SSD 为均方差（sum of squares）；MSD 为均方值（mean squares）；VC 为变异组分（variance component）；TVP 为变异组分百分比（total variance percentage）；Φ_{pt} 为居群间的遗传变异比率（the proportion of the total variance among populations）。

无距虾脊兰的居群遗传变异水平（PPL=50.0%，H=0.1826，I=0.2706）却略低于兰科植物的平均ISSR遗传多样性水平（PPL=52.26%，H=0.1850，I=0.3071），也低于Nybom（2004）所统计的植物居群遗传变异水平的平均值（H_{ISSR}=0.22）。远交、晚期演替类的植物通常被认为拥有较高的居群遗传多样性水平（Hamrick et al.，1996；Nybom et al.，2000；Nybom，2004）。无距虾脊兰为虫媒传粉和种子风力散布植物，其相对偏低的居群水平的遗传多样性可能是由以下几个因素造成的。首先，由于气候的变化、人为的采集以及生境的退化，无距虾脊兰的居群规模很小。居群越小就越可能发生显著的遗传漂变，这时自然选择的作用就会变小，从而有利的基因会被淘汰，而有害的基因可能被保留或扩散，从而降低了居群抵御外界环境变化的能力，进一步造成居群内的个体数量减少，导致居群内遗传多样性降低及居群间遗传分化增大。一个居群要维持一定的遗传变异水平则至少需要50个个体，若要抵消有效漂变则需要500个个体（Brzosko et al.，2011）。很显然本研究所采集的无距虾脊兰居群中的植株数远远低于上述所要求的个体数。SZ和TR两个居群拥有相对较高遗传多样性可能是因为其居群的萎缩或片段化是发生在近期。我们在采样过程中发现，由于无距虾脊兰居群常位于靠近路边的坡面，故极易受到破坏。其中WN居群情况最为严重，所剩的全部个体数量不超过15株，其检测出的遗传多样性水平也是最低的。人为因素导致居群片段化加重和个体数量减少，产生瓶颈效应，从而降低居群的遗传多样性水平。其次，通常认为自交不亲和性的物种倾向于拥有较高的居群遗传多样性水平（Eduardo et al., 2001），而无距虾脊兰则具有自交亲和性，且其花序上的小花接近在同一时期开放，这为传粉者频繁地穿梭在同一花序上或者同一克隆株群的花序间进行传粉创造了条件，从而导致自交事件的发生，最终降低了居群遗传多样性水平。再者，虽然一个成熟的无距虾脊兰果实内含有成千上万粒的种子，但种子细如粉尘，种皮内只含有分化未完全的球形胚，不含胚乳等营养物质，在自然状态下的种子需要借助与菌根真菌的共生来获取养分才能萌发长成幼苗，种子的萌发条件相对苛刻。因此，较低的自然繁殖率也是造成居群遗传多样性偏小的另一原因。

4.2.3　无距虾脊兰居群的遗传关系及遗传结构

无距虾脊兰6个居群两两之间的Nei遗传距离（D）的变化范围在0.2286~0.6383之间（表4-10），Nei遗传一致度（T）的变化范围在0.5282~0.7957之间。其中LA居群和WYS居群间的遗传距离最远，遗传一致度最小，分化程度最高；而WN居群与WYS居群间的遗传距离最近，遗传一致度最大，分化程度最低。故在基于Nei遗传距离的居群UPGMA聚类图中LA居群和WYS居群聚集为一组，而WN群则与TR聚在一起，这两个分支的分化程度最高（图4-8）。TFPGA软件对无距虾脊兰6个居群间的地理距离和遗传距离进行Mantel检验分析的结果显示，地理距离和遗传距离的相关性系数 $R=0.0877$ [P (0.3060) >0.05]（图4-9），表明无距虾脊兰各居群间的遗传距离与地理距离并不存在显著的相关性。

表 4-10　无距虾脊兰居群间的 Nei 遗传一致度（右上角）与遗传距离（左下角）

居群编号	LA	RJ	SZ	TR	WN	WYS
LA	—	0.7439	0.6987	0.6398	0.5408	0.7957
RJ	0.2958	—	0.7560	0.7569	0.5722	0.7267
SZ	0.3586	0.2798	—	0.7486	0.6696	0.6341
TR	0.4466	0.2785	0.2895	—	0.7887	0.5907
WN	0.6147	0.5583	0.4011	0.2374	—	0.5282
WYS	0.2286	0.3193	0.4556	0.5265	0.6383	—

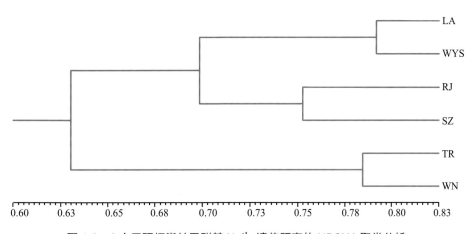

图 4-8　6 个无距虾脊兰居群基 Nei's 遗传距离的 UPGMA 聚类分析

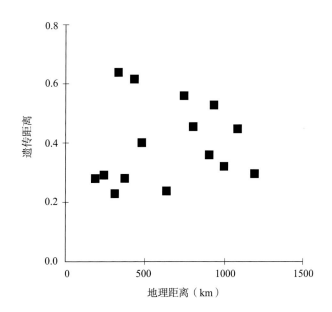

图 4-9　无距虾脊兰居群地理距离和遗传距离的相关性

　　主坐标分析（PCoA）可以形象地展示居群群间遗传关系，本研究以 104 个无距虾脊兰个体进行二维的主坐标分析（图 4-10），前 2 个主坐标所解释的遗传变异所占的百分比分别为 43.94%、21.14%，合计占总变异的 65.08%。从图 4-10 可以看出 RJ 居群、SZ 居群和 WYS 居群中的个体的分布较为集中，整个居群显得较为独立；而 TR 居群和 WN 居群中的一些个体则分布较为混杂，例如 TR 群体中有 2 个个体靠近 RJ 居群，而 WN 中的一个个体则掺进了 SZ 居群中。这些结果与无距虾脊兰全部个体的 UPGMA 聚类分析的结果具有相似性（图 4-11）。

图 4-10　无距虾脊兰的主坐标分析二维图

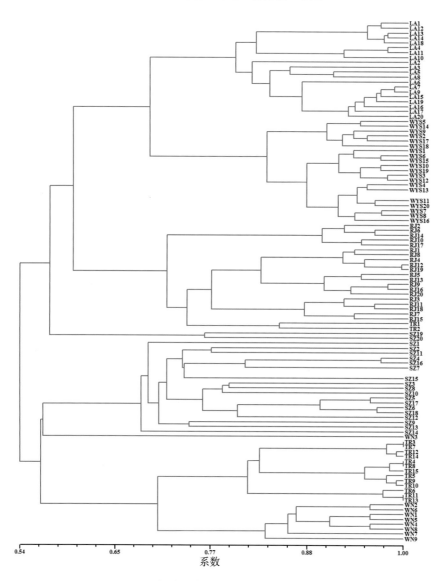

图 4-11　无距虾脊兰全部个体的 UPGMA 聚类分析

　　图4-12清晰地显示了当K=2时，ΔK的值最大（127.2）。故无距虾脊兰的6个居群被分成了两大类群（图4-13）。其中LA居群和WYS居群，TR居群和WN居群呈现出明显的遗传相似性，分别清晰地划分到2个不同的类群。然而，RJ居群和SZ居群的遗传结构成混合型分布。这个结果也与主坐标分析（PCoA）和UPGMA聚类分析的结果保持大致的一致性。

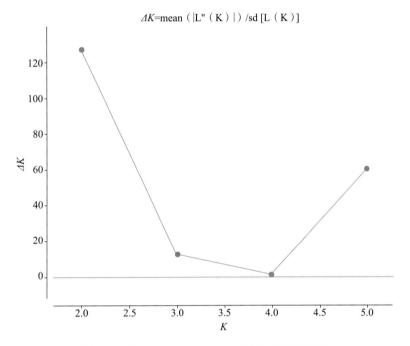

图 4-12　Structure Harvester 的贝叶斯分析结果

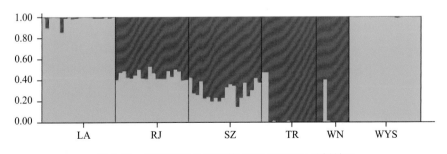

图 4-13　无距虾脊兰居群的 STRUCTURE 分析结果

　　本研究中无距虾脊兰的居群间遗传分化程度（G_{st}=0.5504，Φ_{pt}=0.522）高于表4-11所统计的兰科植物ISSR遗传分化系数的平均值（G_{st}=0.4038），显示出无距虾脊兰天然居群间已经产生了相当程度的遗传分化，表明其居群间可能已经形成了异质居群结构。基因流是对抗居群间遗传分化的重要因素。居群的遗传结构从某种意义上说是基因流与遗传漂变两种力量之间相互作用的结果。无距虾脊兰的基因流为0.4084，居群遗传学理论认为，只要居群间的基因流是多向性的，当每个世代居群间迁移者多于或者等于1时（$N_m \geq 1$），基因流就可以起到防止居群间因遗传漂变而引起的遗传分化的作用，而当基因流小于1时则不足以抵制居群内因遗传漂变而造成的居群分化（Slatkin，1985）。所以，随机遗传漂变可能是导致无距虾脊兰这种遗传结构的原因之一，而Mantel检验所揭示的居群间遗传距离和地理距离之间不存在显著的相关性则恰恰印证了这一点。

UPGMA聚类、主坐标分析与STRUCTURE分析结果也反映了其遗传结构并不符合距离隔离模式。类似的结果也在双叶兰（*Liparis loeselii*）（Pillon et al.，2007）和羊耳蒜（*Liparis japonica*）（Chen et al.，2013）等兰科植物中发现。各居群的纬度、降水、温度、土壤等环境条件的差异可能是造成无距虾脊兰居群这一结构特点的原因之一，因为在经过不同生境条件下的长期自然选择作用，产生了对异质生境的局部适应，从而导致无距虾脊兰个体在其进化过程中固定了一些特殊的适应性基因，最终加剧不同居群间的遗传分化。此外，前面提到的人为的干扰破坏，如旅游开发、公路修建、过度采挖及放牧压力导致无距虾脊兰的生境萎缩和片段化也是造成居群间产生较高遗传分化的一个重要原因。

植物居群间的基因流是通过花粉、孢子、种子、植株个体或者其他携带遗传物质的物体作为媒介完成的，其中花粉与种子的扩散是自然植物居群最主要的基因流。本试验各居群间的距离较远（至少150km），虽然目前还缺少对无距虾脊兰的传粉生物学的研究，但以传粉昆虫的飞行距离要在居群间交流花粉的可能性并不大。与其他兰科植物类似，无距虾脊兰的种子微小，且含有气腔，故可以借助风流和水流传播到较远距离，但是要跨越至少上百千米的地理阻隔仍然显得十分困难，而且种子即使传播到适宜的环境中如果没有其相应共生真菌的帮助也是难以萌发的。目前对一些兰科植物如：*Spiranthes spiralis*（Machon et al.，2003）、*Anacamptis morio*、*Dactylorhiza majalis*、*Pseudorchis albida*（Jersáková et al.，2007）、*Orchis purpurea*（Jacquemyn et al.，2007）等的研究表明其果实开裂后散播的种子绝大多数是落在了母株的附近。然而，Li 等（2008）认为热带风暴或台风可以让细小质轻的兰花种子传播到很远的距离，例如一种兰科植物的幼苗可以扩散到250km远的地方（Rasmussen，1995），Arditti 等（2000）指出兰科植物的种子可以传播至2000km远的距离。因此，兰科植物种子散布的潜能可能大大超乎我们的想象。这或许可以解释PCoA和UPGMA分析所揭示的WN居群及TR居群一些个体分布的混杂性，以及STRUCTURE分析显示的RJ居群和SZ居群的混合性居群结构。所以，我们推测有限的基因流、较大的地理隔离、生境的退化、居群的片段化和破碎化以及所造成的遗传漂变和近交等因素造成了无距虾脊兰当前的遗传结构。

表 4-11 基于 ISSR 分子标记分析的兰科植物的居群遗传多样性的比较

兰科植物种类	H_p	I_p	PPL_p (%)	H_s	I_s	PPL_s (%)	G_{st}(F_{st})	SR
卵叶无柱兰	0.603	0.2949	50.9	0.686	0.3873	64.7	0.367	Yang et al., 2014
潘瑞妮白拉索兰	—	—	—	0.216	0.314	52.41	—	Fajardo et al., 2014
无距虾脊兰	0.1826	0.2706	50.0	0.3978	0.5758	96.77	0.5504	本研究
两色卡特兰	—	—	—	0.219	0.323	56.63	—	Fajardo et al., 2014
细长卡特兰	—	—	56.8	—	—	—	0.18	da Cruz, 2011
斑点卡特兰	—	—	—	0.163	0.237	30.72	—	Fajardo et al., 2014
卡特兰	—	—	—	0.132	0.193	30.12	—	Fajardo et al., 2014
斯科菲卡特兰	—	—	—	0.213	0.314	56.02	—	Fajardo et al., 2014
建兰	0.2730	0.4052	76.21	0.3787	0.5564	100.00	0.1557	刘翠华, 2012
蕙兰	0.1886	0.2865	59.40	0.2892	0.4393	90.85	0.362	汤秀菲, 2012
春兰	0.1945	0.2958	63.06	0.2628	0.4037	88.19	0.244	Yao et al., 2007
寒兰	0.1462	0.2204	43.97	0.2669	0.3995	79.67	0.4719	孙小琴, 2012
流苏石斛	0.0871	0.1290	23.93	0.3227	0.4779	89.74	0.7443	Ma et al., 2009
天麻	0.176	0.270	59.09	0.236	0.367	81.82	0.2725	Wu et al., 2006
八团兰	0.2648	0.4005	91.57	0.352	0.530	—	0.76	Barbosa et al., 2013
大花八团兰	0.2578	0.382	82.4	0.338	0.508	—	0.12	Barbosa et al., 2013
硬叶兜兰	0.2847	0.4236	80.28	0.3839	0.5646	91.66	0.2577	Huang et al., 2014
Piperia yadonii（2006）	0.062	—	—	—	—	—	0.424	George et al., 2009
Piperia yadonii（2007）	0.059	—	—	—	—	—	0.394	George et al., 2009
舌唇兰	0.084	—	22.61	0.184	—	61.7	0.70	Wallace, 2004
沼泽兰	0.1312	—	35.35	0.182	—	57.5	0.49	Wallace, 2004
绿色沼泽兰	0.119	—	32.64	0.172	—	43.0	0.36	Wallace, 2004
Tipularia discolor	0.0309	—	7.95	—	—	—	0.415	Smith et al., 2002
平均值	0.1850	0.3071	52.26	0.2839	0.4119	68.91	0.4038	

注：H_p 为居群水平上的 Nei 基因多样性指数（Nei's genediversity at population level）；I_p 为居群水平上的 Shannon 信息指数（Shannon's information index at population level）；PPL_p 为居群水平的多态性位点百分率（the percentage of polymorphic loci at population level）；H_s 为物种水平上的 Nei 基因多样性指数（Nei's genediversity at species level）；I_s 为物种水平上的 Shannon 信息指数（Shannon's information index at species level）；PPL_s 为物种水平上的多态性位点百分率（the percentage of polymorphic loci at species level），SR 为文献来源（source references），"—"表示相关的信息并未给出；*Piperia yadonii* 和 *Tipularia discolor* 无中文学名。

4.3　无距虾脊兰的遗传资源保护

物种的遗传多样性水平在某种程度上体现了其适应环境的能力，对物种进行保护的最终目的是保护其遗传多样性，使其持续生存并维持进化潜力。本研究结果表明，虽然无距虾脊兰保存了较高的物种遗传多样性，但居群水平上的遗传多样性偏低，居群间的遗传分化水平较高。说明每个居群都代表着一个独特的基因库，任何居群的消失都会对物种遗传多样性造成不可挽回的损害。因此需要就地保护所有现存的居群，并尽快恢复其居群的规模，减少遗传漂变，使遗传变异的丧失降低到最低的程度。在导致无距虾脊兰日渐稀少的原因中，人为干扰带来的栖息地的片断化、破碎化以及丧失占据了主导地位。无距虾脊兰是属于个体数量少，对生活环境要求相对苛刻的珍稀和脆弱物种，所以受生境片断化的影响会更加明显。野外调查表明无距虾脊兰的居群数目与规模正在迅速减少。因此，首先要加强无距虾脊兰所在生境的原位保护，加强法律规范和科普教育，严格限制人为直接采集。因为其种子的萌发及幼苗的生长需要相应真菌的感染，且据野外观察其有效传粉者的数量有限。故在保护原生境的同时还应保护其共生的真菌与传粉昆虫，防止菌种多样性的丧失退化和传粉媒介的减少所引起的无距虾脊兰遗传多样性的丧失。但这些都要建立在对无距虾脊兰传粉生态学和菌根学深入研究的基础之上。

另外，由于江西武宁居群遗传多样性水平最低，受破坏最为严重，所剩个体也较少，已经很难对其进行有效的原位保护。所以，应运用迁地保护的方法抢救当前尚存的个体。其次，在保护生境的基础上，还可以采用人工异花授粉等方式使其坐果率得以提升，从而提高繁殖效率，增强居群的遗传基础，促进居群的复壮。再者，对不同居群间进行相互适当的种质交换可促进不同居群间的基因交流以防止居群的近交衰退，减少居群遗传分化，提高居群的遗传变异水平。在引种时，要对于遗传多样性高的SZ居群和TR居群中的个体进行充分的采用。采集过程要注意避免对同一克隆群体中的基株进行重复采样（李昂，2001）。Izawa等（2007）为保护濒危的*Cypripedium macranthos* var. *rebunense*所建议的通过交流居群间成熟种子和花粉建立人工基因流（artificial gene flow）的方法同样可以尝试。另外，开展无距虾脊兰组织培养技术研究，对其进行快速繁殖，也是保护这一特有物种的有效途径。

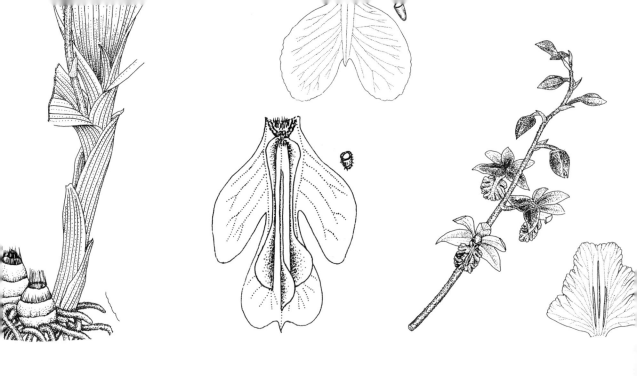

第5章
无距虾脊兰胚胎学研究

　　植物胚胎学研究起始于对马齿苋花粉管和受精作用的研究（唐锡华，1983）。后来随着人们对植物性别认识的不断深入，19世纪末形成了植物胚胎学。20世纪30年代，胚胎学研究主要包括两个方面：描述性研究和比较性研究。此外，还开展了对植物胚珠、胚乳进行人工培养等少量试探性试验研究。60年代后，植物胚胎学研究的性质发生着明显的变化，胚胎学与生物化学、细胞生物学、分子生物学等学科相结合渗透加上研究手段改进，植物胚胎学逐渐演变成了植物生殖生物学（罗丽娟 等，1997）。

　　国际上近二十年来，胚胎学研究的重大进展大体上可以概括为生殖过程中结构与功能关系的研究、生殖过程的分子生物学研究、生殖过程的试验研究三个主攻方向。结构与功能关系的研究包括大孢子母细胞、小孢子母细胞、花粉壁和细胞骨架等。分子生物学主要研究包括花、花粉发育中的基因表达，胚胎发育中的基因表达及自交不亲和基因的表达。生殖过程的试验研究主要包括器官、组织的操作，生殖细胞与原生质体操作等。

　　被子植物胚胎发育的差异主要表现在最初的几次合子分裂中。合子的第一次分裂一般横向分裂为近珠孔端的基细胞和近合点端的顶端细胞2个迥生的细胞，但也存在第一次分裂为纵向或斜向的极少数情况。合子第二次分裂有以下两种较为常见的类型：一种类型是顶细胞纵裂形成二分体，基细胞横裂形成T形原胚，第二种类型是顶细胞和基细胞均发生横裂，形成线形的4细胞原胚。第一种类型多见于单子叶植物，少数双子叶植物也有这种分裂出现，第二种分裂

类型只见于双子叶植物。有学者依据双细胞原胚以后合子分裂行为的不同将植物胚胎发育分为椒草型、月见草型、紫菀型、藜型、石竹型、茄型6种类型，这6种类型又有许多变型的存在（刘捷平，1984）。

兰科植物的胚珠和种子发育特性是生殖生物学研究的重要方面，是揭示植物有性生殖特性的关键环节。兰科植物胚珠的形成一般发生在授粉之后，胚珠的正常发育是胚和种子发育的先决条件。不同兰科植物授粉和种子形成的时间间隔有很大差异，即便是同一个属的兰科植物差别也很大。授粉在兰科植物中有两个作用，一是促进兰花子房的增大和胚珠的成熟，第二是促进受精。兰科植物产生大量的种子，每个子房（蒴果）可以达到几十万甚至几百万个种子。多数兰花种子很小，胚胎不发生分化，只是一个未分化细胞团，相当于双子叶植物的球形胚时期。人们已经对一些种类的兰科植物胚珠和种子发育研究进行了研究，如文心兰（*Oncidium flexuosum*）、台湾杓兰（*Cypripedium formosanum*）（Yung et al.，2005）、墨兰（Edward et al.，1996）、天麻等，但关于虾脊兰属植物生殖发育研究国内外尚未见报道。

本章研究了无距虾脊兰胚珠发育及雌配子体发生、胚胎发育及种子发育特性等，研究结果将为今后采取有效措施提高无距虾脊兰有性生殖能力和种子的无菌萌发提供一定的理论基础，并可以丰富虾脊兰属植物生殖发育资料，为其资源开发及保护生物学的研究奠定基础。

5.1 大孢子及雌配子体发生

对无距虾脊兰野生居群植株进行人工授粉，采用石蜡切片、半薄切片、扫描电镜等技术对不同时期的子房（蒴果）进行研究。研究发现，无距虾脊兰授粉后约60d完成受精作用，其胚珠分化发生在授粉之后。无距虾脊兰的子房由3片心皮组成，授粉前胎座发育不完全（图5-1a），在子房的横切面上可以见到3片心皮交界的地方，就是胎座，无距虾脊兰为侧膜胎座。授粉后胎座细胞进行快速分裂和分化，形成很多由薄壁细胞组成的分支状结构。在授粉后19d胎座分支结构上发育出上万个指状突起（图5-1b、c）。授粉后随着时间的推移，指状突起不断延长。授粉后33d胎座分化出胚珠原基，胚珠原基是由一列细胞外包一层表皮细胞构成。位于胎座指状分支末端的一个细胞体积增大，细胞质变浓，细胞核大而显著，最终分化为孢原细胞（图5-1d）。

　　授粉后45d，孢原细胞直接发育分化为大孢子母细胞，细胞的体积迅速增大，细胞质变得很浓（图5-2a），与其他细胞有很明显区别。孢原细胞外面的单层表皮细胞直接发育形成珠心细胞，伴随着大孢子母细胞体积的增大，珠心细胞沿平周方向伸长。大孢子母细胞减数分裂的同时，珠心细胞开始逐渐解体形成胚囊壁。合点端的珠心细胞不发生解体现象，最后形成胚囊营养来源的通道。

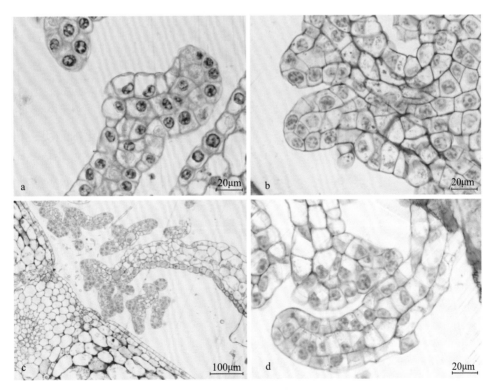

图 5-1　孢原分化

a. 未授粉时的胎座，箭头示胎座；b. 授粉后 13d，胎座形成许多指状突起，箭头示胚珠原基；c. 授粉后 13d 胎座；d. 授粉后 33d，指状分支末端表皮下的细胞体积增大，分化为孢原细胞，箭头示孢原细胞

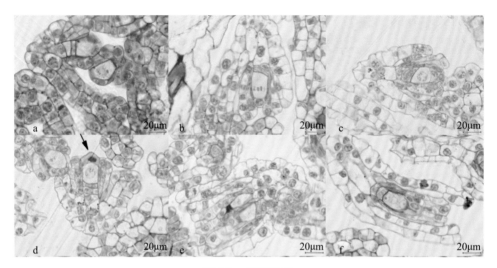

图 5-2　胚囊发育

a. 未成熟胚珠，大孢子母细胞伸长，内外珠被开始分化；b. 大孢子母细胞第一次减数分裂中期；c. 大孢子母细胞第一次减数分裂后期；d. 二分体，箭头示二分体珠孔端退化的细胞；e. 三分体中合点端的大孢子发育，其余两个退化，内珠被已完全包围珠心，外珠被继续向珠孔方向生长；f. 二核胚囊

珠心上皮卵膜孔端只有一层细胞，大孢子母细胞与珠心顶端间无皮下细胞层，因此无距虾脊兰胚珠是薄珠心的。珠柄在孢原细胞基部以下4个细胞处开始向一侧不断弯曲至倒转，形成倒生胚珠。

　　孢原细胞分化后，其下部的表皮细胞突起并向上生长并分化为内珠被，内珠被开始分化后，内珠被基部的表皮细胞分化为外珠被。内外珠被向上不断生长，最终包住珠心，在顶端形成珠孔。授粉后约45d大孢子母细胞开始进入减数分裂期。大孢子母细胞减数第一次分裂是有极性的，半薄切片显示，减数分裂中期染色体排列位置偏向于珠孔端（图5-2b）。第一次减数分裂完成时常形成两个大小不等的二分体细胞，珠孔端的细胞体积明显小于合点端细胞体积（图5-2c）。珠孔端的细胞分裂之后很快就退化（图5-2d），紧接着合点端细胞进行第二次减数分裂，形成三分体，三分体合点端大孢子发育，珠孔端两个细胞退化（图5-2e）。

　　合点端细胞体积继续增大并进行有丝分裂，分裂后形成2核胚囊，2个单倍体的大孢子核，分别位于胚囊两极，核之间无细胞壁，以1个大液泡相隔（图5-2f）。授粉后约47d，2核胚囊的2个大孢子核同时进行第二次有丝分裂，形成4核胚囊；4个核分别再进行一次有丝分裂，形成8核胚囊。8核胚囊继续发育，其中珠孔端3核形成卵器，包含1个卵和2个助细胞，合点端3核形成反足器，珠孔与合点各有1个核移向胚囊中央，构成中央细胞的极核。无距虾脊兰中，成熟胚囊由内外珠被共同形成双被珠孔，珠孔产生直线的通道。胚珠的发育即便在同一个果实内也是不同步的，授粉到成熟胚囊的最终形成大约需要51d时间。

扫描电镜结果显示无距虾脊兰胎座在授粉之前已经开始发育（图5-3a、b），无距虾脊兰为侧膜胎座，胎座形成嵴状结构，并呈盘旋状分布。授粉后7d，胎座上可现微小突起（图5-3c），之后突起不断伸长（图5-3d），授粉后19d，突起明显可见（图5-3e），授粉后33d，突起开始弯曲，且弯曲的方向不一致（图5-3f）。胚珠起始是向基性的，首先起始于其中央部位，伸展的胎座，中央部位的胚珠似乎发育得最早，而边缘的胚珠则较为迟缓。授粉后40d，胚珠的顶端出现了衣领状的覆盖物，即内珠被（图5-3g）。授粉后45d，开始出现外珠被。在内外珠被伸长的过程中，外珠被横向发生不规则增厚导致裂片化（图5-3h）。外珠被出现后，胚珠基部珠柄弯曲程度加强，最后至胚珠完全倒生。胚囊成熟后，外珠被由原先的环状阶段发育为杯状，外珠被长于内珠被，将内珠被完全包裹（图5-3i）。

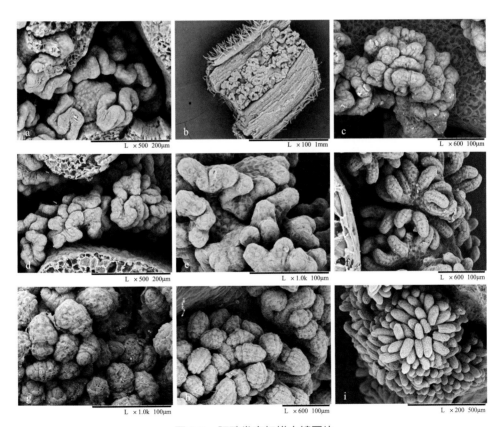

图 5-3　胚珠发育扫描电镜图片

a、b. 未授粉胎座；c. 授粉后7d胎座；d. 授粉后13d胎座；e. 授粉后19d，指状突起；f. 授粉后33d，指状突起；g. 授粉后40d，胚珠，箭头示内珠被；h. 授粉后45d，胚珠，箭头示外珠被；i. 授粉后51d成熟胚囊

无距虾脊兰胚珠在外珠被发育之前已经发生一定的弯曲，外珠被出现后胚珠弯曲程度加强。胚珠的弯曲使得珠孔更靠近胎座，因而更易于花粉管的进入。

5.2　胚胎发育及种子形成

5.2.1　胚胎发育

花粉于柱头上萌发后，花粉管开始沿着子房壁向下生长，在花粉管生长的过程中生殖细胞分裂为两个精子。此时胚囊发育成熟，花粉管沿珠孔进入胚囊并释放出两个精子，分别于极核和卵融合（图5-4a），双受精完成（图5-4b）。反足细胞在双受精前就开始退化，从传粉到受精需要的时间间隔为60d。

受精后合子体积增大，极性加强，核移至合点端，细胞核体积增大，核内有一个大核仁。与此同时，在珠孔端形成1个较为明显的大液泡。受精卵极性的加强决定合子第一次分裂为大小和功能都不同的2个子细胞，靠近合点端的细胞体积小，细胞质浓，为顶细胞，珠孔端具大液泡的为基细胞。合子分裂开始了胚的发育，授粉后65d合子的非均衡横向分裂形成双细胞原胚，之后顶细胞进行多次分裂形成胚体，基细胞发育成胚柄。

授粉后70d，顶细胞发生一次纵向分裂形成3细胞原胚（图5-4c），之后无距虾脊兰原胚发育的过程中存在2种分裂情况：3细胞原胚顶端的1个细胞先进行纵裂形成4细胞T型原胚，具3层4个细胞（图5-4d）；或者是两个顶细胞同时进行一次纵向分裂形成4个细胞，加上珠孔端的基细胞形成5个细胞原胚（图5-4e）。

授粉后80d，基细胞分化成的胚柄高度液泡化，位于内珠孔位置（图5-4f）。顶细胞经过发育过程中不断地进行的横向和纵向分裂，最后形成多细胞的球形胚。授粉后90d，球形胚细胞数量持续增加，基本填满胚囊腔，胚柄液泡逐渐浓缩，胚柄开始退化（图5-4g）。授粉后100d，胚体的有丝分裂终止，胚体约8细胞长，6细胞宽，胚体仍保留球形胚的形态，未能进入分化阶段而停留在原胚时期（图5-4h），胚柄完全退化消失。

授粉后120d，无距虾脊兰种子完全成熟，成熟种子由内外双层种皮和胚体构成，胚乳细胞在胚胎的发育过程逐渐分解消失，导致胚乳的缺失。外种皮由外珠被发育而来，是一层能被番红染为红色的细胞。内种皮由内珠被发育形成。在胚发育的整个时期，内珠被细胞不进行分裂。随着胚的发育，胚体逐渐增大至最终填满胚囊腔，珠被细胞逐渐脱水，内珠被缩为一层薄的致密细胞，紧紧将胚体包裹。胚发育早期，内外种皮距离较近。授粉后70d，内外珠被之间出现了空气腔，

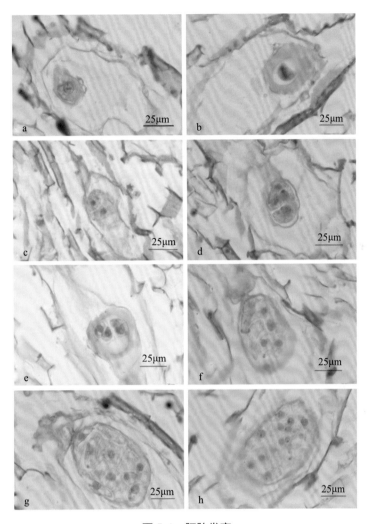

图 5-4 胚胎发育

a. 未受精卵细胞；b. 分裂前合子；c. 核原胚；d. 4 核原胚；e. 5 核原胚；f. 早期圆球胚，具高度液泡化胚柄；
g. 胚仍保持球形胚形态，胚柄开始退化；h. 胚体保持球形胚形态，胚柄完全退化

之后的发育过程中空气腔一直存在。种子成熟时可见内外种皮间存在明显空气腔。

无距虾脊兰胚胎发育的不同阶段其贮存物质在不断发生着变化。授粉后合子细胞中未见多糖颗粒，蛋白颗粒有很少存在。不久后，多糖出现在原球胚原表皮层细胞，然后是胚胎内层细胞。授粉后75d的胚胎，多糖颗粒倾向于聚集在细胞核周围。此阶段原球胚内蛋白颗粒含量变化不明显，多糖为主要贮藏物质。授粉后85~90d，多糖颗粒在胚体中含量逐渐减少，蛋白颗粒含量不断增加。授粉后100d，在原球胚体积不再增加的时候，多糖颗粒基本消失，蛋白颗粒含量达到最大。胚胎发育的整个阶段，胚柄内都未检测到多糖颗粒和蛋白颗粒，胚柄内无贮藏物质积累。

5.2.2 种子发育特征

授粉后60d，卵细胞完成受精，扫描电镜显示此时期种子紧紧锚定在胎座上，外种皮形成整个种子的轮廓，呈长柱形，两端稍钝（图5-5a）。授精后种子随着外种皮细胞不断伸长而增长（图5-5b、c）。受精后80d，由于原球胚的发育，种子的中部逐渐凸起（图5-5d）。授粉后100d种子形态基本不再发生变化，呈纺锤形，两端相比，一头较另一头尖。之后外种皮细胞逐渐失水，形成外种皮上纵横交错的环纹（图5-5e）。授粉后105d，体视镜下观察到种子呈乳白色，絮状，有少量粉末存在（图5-6a），授粉后195d，种子完全呈粉末状散开（图5-6b）。测量得到无距虾脊兰种子长0.895mm，宽0.126mm，种胚长0.134mm，宽0.073mm。经计算种子体积为3.72×10^{-3} mm³，种胚体积0.187×10^{-3} mm³。无距虾脊兰32%的种子在发育过程中发生了败育现象，一部分败育种子表现为只有空的种皮，无胚结构（图5-6c）。其余败育种子表现为种胚经TTC染色后不着色（图5-6d）。有活力的种子经TTC染色后，种胚显示红色（图5-6c），经统计，68%的种子有活力。

总之，无距虾脊兰在胚胎发育时，合子第一次分裂是横向的，顶细胞首次分裂为纵裂，基细胞没有参与胚体构成，分化成单细胞胚柄，根据胡适宜

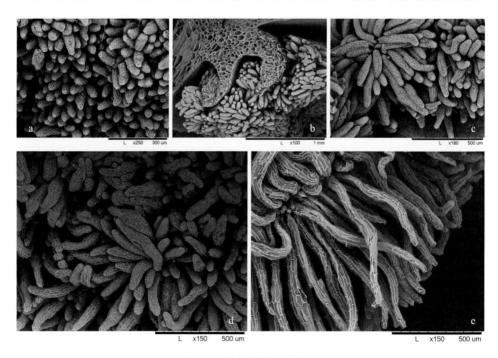

图5-5 种子扫描电镜照片

a、b. 授粉后60d种子；c. 授粉后70d种子；d. 授粉后80d种子；e. 授粉后100d的种子

图 5-6　无距虾脊兰种子形态

a. 发育 105d 种子；b. 成熟后果实开裂的种子；c. 有活力的种子和无种胚的败育种子；d. 无活力的败育种子

（2005）对被子植物胚胎类型的划分，无距虾脊兰幼胚的发育过程应属于石竹型。授粉后无距虾脊兰的合子经过第一次横裂，形成大小和功能都不同的2个子细胞，珠孔端具大液泡的为基细胞，在胚胎发育过程中不分裂，分化为单细胞胚柄，并逐渐退化消失。胚柄细胞与内珠被紧密接触保证了营养物质的运输。无距虾脊兰的内珠被一直存在。胚发育早期，内外种皮距离较近。授粉后70d，内外珠被之间出现了空气腔。随着胚胎发育成熟，珠被细胞逐渐脱水，内珠被缩为一薄层致密干膜质结构，紧紧将胚体包裹。其种皮发育与大花杓兰（*Cypripedium macranthum*）相似。内珠被发育成的内种皮，可能一定程度上阻隔了水分和营养进入胚内，导致成熟种子萌发困难。

5.2.3　虾脊兰种子及种胚大小的比较

曾碧玉等（2008）认为不同品种的兰花，种子大小和种胚大小两者之间并无直接相关性。我们将另外9种虾脊兰属植物的种子及种胚进行体积计算，并与无距虾脊兰进行比较。结果发现，种子体积最大的是旭虾脊兰（*Calanthe hattorii*），其次是三棱虾脊兰，琉球虾脊兰（*Calanthe okinawensis*）种子体积最小。种胚体积排在前两位的分别为三棱虾脊兰和反瓣虾脊兰，种子体积排在第一位的旭虾脊兰种胚体积最小。种胚占种子比例无距虾脊兰排在第五位，排名第一和第二的分别是香虾脊兰（*Calanthe jzuinsularis*）和虾脊兰。这一结果表明种子大小和种胚大小两者之间无直接相关性，在虾脊兰属植物中验证了曾碧玉等（2008）得出的结论（表5-1）。

表 5-1 虾脊兰属植物种子及种胚大小

植　物	种子长 (mm)	种子宽 (mm)	种胚长 (mm)	种胚宽 (mm)	种子体积 ($\times 10^{-3} mm^3$)	种胚体积 ($\times 10^{-3} mm^3$)	种胚占种子 比例 (%)
虾脊兰	0.677	0.111	0.120	0.068	2.183	0.145	6.652
黄花虾脊兰 （*C. decne*）	1.030	0.102	0.101	0.07	2.805	0.130	4.618
翘距虾脊兰	0.890	0.106	0.109	0.065	2.618	0.121	4.605
三棱虾脊兰	0.979	0.148	0.131	0.099	5.613	0.336	5.987
反瓣虾脊兰	0.759	0.158	0.136	0.096	4.960	0.328	6.615
香虾脊兰	0.601	0.120	0.120	0.074	2.265	0.172	7.593
琉球虾脊兰	0.702	0.103	0.099	0.060	1.949	0.0933	4.785
旭虾脊兰	1.649	0.141	0.090	0.062	8.581	0.0906	1.055
星鹤虾脊兰 （*C.hoshii*）	1.362	0.113	0.100	0.070	4.552	0.128	2.817
无距虾脊兰	0.182	0.025	0.022	0.017	0.030	0.017	5.945

5.2.4　兰科植物胚胎发育特征

胚珠是有性植物生殖过程中多个事件的发生场所，包括雌配子体的形成、授精、胚胎发生以及种子形成。拟南芥胚珠的整个发育过程可分为胚珠发育早期、大孢子发生、雌配子体发生和受精后发育4个阶段。在绝大多数有花植物中，胚珠在花发育的过程中成熟，也就是说，胚珠的发育与花发育的过程是同步的。因此，开花期的心皮中含有完全发育的胚珠，授精作用和种子发育通常在授粉后较短的时间内就可发生（启动）。在兰科植物中，仅有少数种类如裂唇虎舌兰（*Epipogium aphyllum*），在开花期形成发育完全的胚珠（Fredrikson，1992）。

在大多数兰花中，如石斛兰、蝴蝶兰和卡特兰，胎座的增殖和胚珠的形态建成并不发生在花发育的过程中，而是在传粉完成之后才开始启动（Tsai et al.，2008）。蝴蝶兰授粉后2d内，在花粉管萌发之前，心皮内膜上即开始有细胞增殖发生。这些内膜继续伸长、分化，在授粉后约40d时，即发育成数千个手指状的胚珠原基。胚珠原基的顶端发育形成珠心，后端分化形成珠柄。随后，在珠心基部出现环状突起，逐渐形成内珠被，然后外珠被也开始形成。珠被向前扩展生长并包围珠心。在胚珠发育的同时，珠心中的孢原细胞进一步增大形成大孢子细胞，经过减数分裂最终形成胚囊。随后进行有丝分裂，导致具有助细胞和卵细胞的蓼型胚囊的发育模式形成（Zhang et al.，1993.）。

在具有胚珠授粉后发育模式的兰科植物中，胚珠通常在传粉后1~3个月内开始发育。当胚珠完全成熟后，授精作用才开始发生。兰科植物传粉、受精和种子形成之间的时间间隔因物种而异，甚至在同一个属内也表现得差异显著。另外，在对火烧兰等胚珠发育的研究中，人们发现，其胚珠原基在传粉前就已存在，但常停留在减数分裂前阶段，直到受传粉刺激后胚珠才开始进一步发育（Fredrikson，1992）。这表明兰科植物存在着第三种胚珠发育的模式。鉴于兰科胚珠及大孢子配子体的传粉后发育的特性，人们认为，兰科植物的传粉除了能促进受精作用外，还能够刺激子房的膨大和胚珠的发育。兰科植物的胚珠一般具有双珠被，但大部分种类内珠被细胞在发育的过程中被吸收，从而成熟的种子只具有外种皮。如紫点兜兰（*Paphiopedilum godefroyae*）在胚胎发育过程中内珠被细胞被吸收，成熟时仅有外层种皮。附生兰五唇兰（*Doritis pulcherrima*）授粉后1个月，合子还未形成时，内珠被细胞即开始退化并逐渐死亡。此时，外珠被细胞完整，种子成熟时只含有单层外种皮（伍成厚 等，2004）。而在对杓兰属植物的研究中发现在胚过程中内珠被一直存在，成熟种子有内与外双层种皮，内外种皮间具空气腔，双种皮和空气腔可能是杓兰属植物种子的特点（张毓 等，2010）。

多数兰科植物胚珠的授粉后发育特性为研究植物胚珠的发育调控提供了较理想的材料。以蝴蝶兰为材料进行胚珠发育的分子研究，已分离并鉴定出一些胚珠发育相关的基因。例如，基因*O39*是植物转录因子HD-GL2家族成员，在胚珠早期原基的形成到胚珠分化的各时期该基因都在表达，表明它是胚珠组织起始和发育过程中的重要调控因子（Nadeau et al.，1996）。

多数兰科植物的双受精均能正常进行。花粉在柱头上萌发后，花粉管沿子房内壁向下延伸，这期间，生殖细胞分裂为两个精子。花粉管沿珠孔经一个正在退化的助细胞，进入胚囊释放出两个精子，分别与极核和卵融合，完成双受精。卵细胞在受精后形成二倍体的受精卵。受精卵的第一次分裂为横向不均等分裂，产生大小不同的顶细胞和基细胞。靠合点端的顶细胞体积小，细胞质浓，珠孔端的基细胞具大液泡。顶细胞不断地进行不同方向的分裂后，形成多细胞的球形胚，基细胞则分化成胚柄。在以后的发育过程中，球形胚不再进一步地分化，直到种子成熟时仍保持球形胚状态，而胚柄则逐渐退化、萎缩（Lee et al., 2012）。

由此可知，兰科植物胚胎形态发生只完成了原胚发育这一阶段，而缺失了胚的分化这一重要的形成建成过程。原胚的发育分化为胚体与胚柄两部分。兰科植物胚柄的形态发育有很多的变异。鹤顶兰胚柄只有一个细胞，是由基细胞分裂产生的靠珠孔的一个细胞增大形成，发育至后期的胚柄细胞为长形，伸展至内珠被和进入外珠被（Ye et al., 1997）。墨兰胚发生最初由两次斜向分裂形成的4个细胞原胚，靠近孔端的3个细胞形成胚柄。在胚成熟时存在5个胚柄细胞，它们向合点端或向珠孔端延长（Huang et al., 1998）。大花杓兰的基细胞经一次分裂形成2个细胞的狭长状的胚柄，位于内珠孔的位置，以后胚柄细胞不再继续分裂，在授粉后约2个月时胚柄退化消失（张毓 等，2010）。云南兜兰的基细胞分裂1~2次后，形成一列3~4个细胞的胚柄，且不再分裂，随着胚细胞的不断增加，胚柄最后消失。越南兜兰的胚柄由3个液泡化的细胞组成，对其超微结构的研究显示，在胚发育的早期阶段，胚柄细胞内发生了结构上的分化，出现了内质网槽和细胞壁内含物，而胚体细胞没有发生这一现象（Lee et al., 2006）。

兰科植物胚囊发育类型多样，文心兰大孢子母细胞经过2次减数分裂和3次有丝分裂后形成一个8个细胞的成熟胚囊，该胚囊是由单孢子衍生而来，为典型的单孢子蓼型。天麻胚囊发育类型是蓼型胚囊的简化形式，4核胚囊时期合点端2核较小，不发生分裂并逐渐退化，成熟胚囊只有珠孔端4核组成。墨兰和蝴蝶兰胚囊发育为双孢子葱型，胚囊从二分体中合点端大孢子衍生功能大孢子经过2次有丝分裂形成8核胚囊（伍成厚 等，2004）。兜兰（*Paphiopedilum* spp.）胚囊发育同样属于双孢子葱型，成熟胚囊6~8核。胚囊6核的成因是发育至4核阶段后胚囊只有珠孔端的核进行分裂，合点端核的数目减少（任玲 等，1987）。与天麻相比较，无距虾脊兰是兰科中比较进化的属。在无距虾脊兰发育过程中，合点端大孢子经过3次连续的有丝分裂，形成8核胚囊。8细胞处于共同的细胞质中并发生分化形成由珠孔端3核卵器、合点端3核反足器和中央极核构成的7细胞8核的成熟胚囊，其胚囊发育类型为典型的蓼型。

兰科植物的胚乳由二个极核和一个精子融合产生，是一个三倍体的结构。兰科的许多种类，在三核合并完成之后，初生胚乳核随即退化或只进行少数几次分裂即停止发育。天麻初生胚乳核不分裂，在受精后的6~7d退化消失（梁汉兴，1984）。云南兜兰极核受精后分裂成两个胚乳核，两核分别移向胚囊的两极，两个胚乳核不再分裂，到胚发育后期退化。大花杓兰的初生胚乳核在胚开始发育的极早期就迅速退化。因此，大多数种类的兰科植物中，成熟种子中只含有一个未完全分化的球形胚，没有贮藏营养物质的胚乳组织。

5.3　无距虾脊兰果实发育特征

5.3.1　不同发育时期形态特征

　　野外状态下，无距虾脊兰不同发育时期的果实外部形态特征见图5-7。无距虾脊兰的子房为下位子房。开花时，子房呈浅绿色长棒状，被白色表皮毛（图5-7c）。授粉后花瓣和萼片逐渐枯萎，子房下部开始伸展（图5-7d）。果实发育初期子房纵径伸展较快（图5-7e），横径在授粉后40~50d才开始较快增长（图5-7f）。在果实发育过程中，蒴果中部的果皮细胞生长较快，导致中间部分较两边粗，果实呈梭形，近柱头端的部分稍钝（图5-7g）。初期果皮无果棱（图5-7h），授粉后果棱逐渐膨出（图5-7i）。生长过程中果皮颜色由浅绿变为深绿，果实将要成熟时果皮颜色开始变黄，并随着果皮的栓质化变为褐色（图5-7j）。随后整个果实干燥失水，蒴果从中部开始开裂，种子散出时，果实瓣在顶部和基部有连接（图5-7k）。

图 5-7　无距虾脊兰不同发育时期果实形态特征

a. 无距虾脊兰新芽；b. 具花苞的无距虾脊兰植株；c. 盛花期无距虾脊兰；d. 授粉后 10d 的子房；e. 授粉后 40d 的子房；f. 授粉后 50d 的蒴果；g. 授粉后 110d 的蒴果；h. 授粉后 180d 的蒴果；i. 授粉后 210d 的蒴果；j. 授粉后 220d 的蒴果

无距虾脊兰从人工授粉到果实成熟所需时间约为220d，果实发育后期纵径、横径变化不明显，因此图5-8中的数据采用授粉后180d内的数值。由图5-8可知，无距虾脊兰果实的纵径、横径变化趋势基本一致。自授粉后0~40d，果实生长迅速，纵径、横径的平均日增长量分别为0.313mm和0.086mm，分别占总增长量的90.5%和55.6%。授粉后40~50d，果实生长变得缓慢，纵径、横径的日增长量仅为0.017mm和0.033mm，分别占总增长量的1.23%和5.48%。授粉后50~70d历时20d时间，果实生长速度加快，纵径、横径的平均日增长量分别为0.06mm和0.12mm，分别占总增长量的8.67%和39.9%。授粉70d以后，无距虾脊兰果实形态成熟基本完成，果实呈梭形，纵径、横径分别为31.66mm和13.84mm。

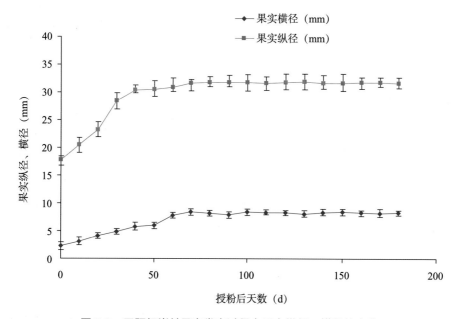

图 5-8　无距虾脊兰果实发育过程中果实纵径、横径的变化

与Yung等（2005）研究的台湾杓兰果实纵径、横径变化不同，无距虾脊兰纵径、横径变化趋势基本一致。果实的生长动态曲线较为平缓，生长发育过程中纵径、横径比例的变化导致了果实形态的变化。至授粉后40d，果皮颜色浅绿，果实生长最快，此时期纵径的生长速度比横径生长速度快，授粉后40~50d，果皮绿色加深，横径的生长速度比纵径生长速度快，这导致了果实纵横比例的变化，果实形状由长棒形变成了梭形。果实前40d迅速生长期可能是由于气温升高，叶片已经成熟，光合作用增强，叶片向外输出的营养充足，果实细胞分裂加快迅速膨大，所以长宽增长非常显著，形成了果实生长的高峰期。

5.3.2　果实发育解剖学特征

研究结果表明：无距虾脊兰果实是3心皮，横切面为6瓣，3瓣有胎座，为可育瓣，3瓣无胎座，称不育瓣，2瓣组成一个心皮，心皮连接于顶端。无距虾脊兰顶端果皮无果实开裂线的前体细胞，胎座不明显（图5-9d）。

无距虾脊兰果实外表皮由单细胞构成，细胞径向上稍微瘦长。授粉前部分表皮细胞外壁向外突出形成表皮毛（图5-9a）。授粉后表皮毛逐渐退化，授粉后50d表皮毛不可见。中果皮细胞薄壁，有大液泡和细胞间隙，果棱间中果皮细胞4~6层，不育瓣果棱中果皮细胞8~10层，可育瓣果棱中果皮细胞10~12层。中果皮的薄壁组织中有维管束，其细胞比周围细胞小。内果皮是一层等轴的小薄壁细胞构成。发育的过程中，果皮细胞层数不变，细胞平周分裂和中果皮薄壁细胞体积的增加，使得纵径、横径增长显著。授粉至果实成熟期间，果实的外果皮细胞和内果皮细胞大小不变。果实达到了最终体积便开始了成熟过程。与之前的阶段相比，中果皮内的维管束细胞和内果皮细胞被木质化，木质化的内果皮细胞见图5-9e，D箭头所示。

无距虾脊兰授粉后40~45d花粉管开始在果皮内生长（图5-9f），授粉后50~60d受精完成，花粉管开始退化降解（图5-9g），成熟后的果皮完全观察不到花粉管（图5-9h）。未授粉时无距虾脊兰胎座有两个小的指状突起，包括薄壁细胞和2~3个简化的维管束（图5-9a），授粉后胎座细胞不断增殖，授粉后50d胎座上的两个指状突起伸展呈"V"字状，（图5-9b）。授粉后80d胎座达到最大，几乎充满子房腔室。授粉后160d（图5-9c），果实发育的后期，胎座细胞从突起的顶端开始逐渐降解，胎座降解后残迹可见（图5-9e）。

开裂线的前体细胞在可育瓣和不育瓣边缘。与其他细胞有明显区别，开裂线的前体细胞是2层小细胞。它们像一个外鞘一样，将不育瓣的维管束和中果皮薄壁细胞与两个相邻的可育瓣区分开来。无距虾脊兰果皮绿色时内果皮处开始裂开。果实开裂线的前体细胞在成熟时发生硬化作用，果实脱水，紧邻不育瓣和可育瓣的两层开裂线的前体细胞向不同的方向收缩，果实于内果皮处开始张开，形成纵向开裂，形成3个宽的可育瓣和3个窄的不育瓣。木质化并分开的果实开裂线的前体细胞在图5-9e中可见。由以上可知，与大多数兰科植物一样，无距虾脊兰果实由3心皮组成，开裂后有6瓣：3瓣有胎座，3瓣无胎座。根据Rasmussen等（2006），这6个子房内裂片起始于萼片和花瓣的基部。不育瓣相当于萼片基部，可育瓣相当于花瓣基部，两瓣组成一个心皮。果实开裂后心皮一般连接于顶端，但有的种果实开裂后心皮在顶端完全分开。

兰科植物种类较多，但关于兰科植物果实结构发育的研究鲜有报道。无距

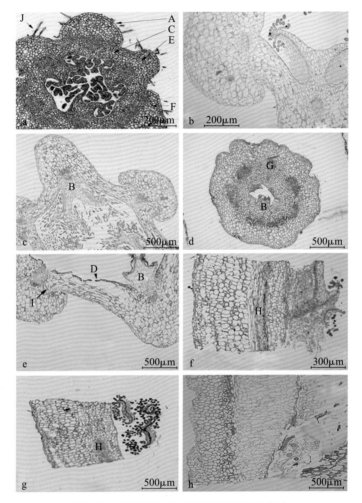

图 5-9　无距虾脊兰子房和果实发育解剖学

a. 授粉前子房中部横切；b. 授粉后 50d 蒴果中部横切；c. 授粉后 80d 蒴果中部横切；d. 授粉后 110d 蒴果顶端横切；e. 授粉后 180d 蒴果中部横切；f. 授粉后 40d 蒴果中部纵切；g. 授粉后 50d 蒴果中部纵切；h. 授粉后 150d 蒴果中部纵切

A. 外果皮；B. 胎座；C. 中果皮；D. 内果皮；E. 可育瓣；F. 不育瓣；G. 维管束；H. 花粉管；I. 果实开裂线；J. 表皮毛

虾脊兰发育的过程中，果皮细胞层数不变，果实直径的增加主要来自细胞平周分裂和中果皮细胞体积的增大。这与Juliana等（2011）报道的文心兰（*Oncidium flexuosum*）果皮发育一致。然而在其他兰花中，如沼兰（*Malaxis saprophyta*）、香花羊耳蒜（*Liparis paradoxa*），则可观察到果皮细胞层数增加现象（Sood，1989，1992）。

　　无距虾脊兰成熟果实外果皮和中果皮是薄壁组织，只有维管束细胞、内果皮的单层细胞和开裂线的前体细胞硬化。这与其他种全部或大部分果皮细胞发生木质化不同。目前，没有关于兰花果实开裂区细胞解剖学结构的具体报道。无距虾脊兰果实开裂线的前体细胞在不育瓣和可育瓣边缘连接处。文心兰开裂线前体由小的薄壁细胞组成，果实开裂就是开裂线的前体细胞的断裂。无距虾脊兰与文心兰果实开裂模式的不同可能与果实开裂线的前体细胞硬化有关。

5.3.3　兰科植物果实发育特征

兰科的果实在大小和形状上具有丰富的多样性，但多数具有相同的基本模式，也就是说，子房由3个融合在一起的心皮构成，心皮里含有大量小的胚珠。3个融合在一起的心皮发育形成6个瓣膜，其中3个是可育的，生长有大量的胚珠，另有3个是不育的。关于这些瓣膜的来源和属性人们争论已久，从19世纪初就开始有争议。有人提出了"分裂的心皮模式"，解释了六个部分的形成。根据这一模式，典型的兰科果实包括了3个不育瓣（起源于萼片的基部），和3个可育瓣（起源于花瓣的基部）。不育瓣在每个心皮的中心位置，好像将可育瓣分裂为二，因此每个心皮包括了1个不育瓣和2个二分之一的可育瓣。

一般认为兰科是风媒植物，果实成熟开裂后，种子随风进行传播。大多数兰科植物的果实成熟变干后是开裂的，沿着可育瓣与不育瓣之间的连接处自上而下纵向开裂为数瓣，在分裂类型上属于瓣裂式（valvate dehiscence），如在文心兰（*Oncidium flexuosum*）、无距虾脊兰中均报道了这种开裂方式。扇脉杓兰在果实成熟的当年并不开裂，而是在宿存过冬后的翌年才开裂。果实开裂后里面的种子会被弹射到周围或是随风飘散到远处，温度适宜时会发芽，这是一般野生兰科植物的种子传播方式。但近来，人们发现较原始的兰科植物如拟兰（*Apostasia nipponica*）的果实成熟后并不开裂，而且种子具有坚硬的外壳，果实被蟋蟀等小动物食用后随其粪便排出，且果实内的种子仍具有活力，这为兰科植物的动物传播途径提供了证据。另外，兰科植物种子通常都有气囊，气囊可以增加种子在空气中的飘浮时间，从而提高种子的扩散能力。有研究表明，这种与空气动力学相关的种子性状与种子释放高度、生境的改变等有关，附生兰种子释放高度高，其种子气囊较小。

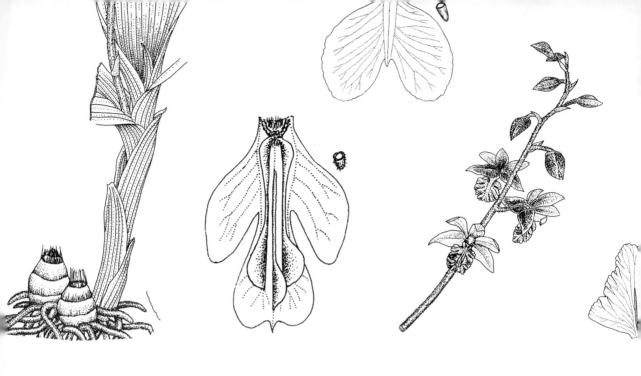

第 6 章
无距虾脊兰的种子萌发

在显花植物中，成功受精是种子形成的必经步骤。植物受精后，胚珠发育成种子，卵细胞发育成雌配子体，珠被发育成种皮。兰花胚珠为倒生、薄珠心，具有一层或两层珠被。兰科植物不同属种之间的内珠被的发育存在较大差异。内珠被发育成的内种皮被认为既是兰科植物野外生存的自我保护机制，同时也是阻止水分和养分进入种胚导致兰花种子难以萌发的可能因素之一（Lee et al.，1996）。

在对植物胚离体培养的研究中发现处于球形胚阶段或发育时间更长的胚更容易培养成功，而发育早期的幼胚在离体条件下对培养基、添加物和培养环境等具有更高的要求，而且容易出现死亡。在对纹瓣兰（*Cymbidium aloifolium*）的研究中发现，授粉后发育时间是决定其种子能否萌发的重要因子，该研究还发现授粉后胚龄为9个月的未成熟种子具有最高萌发率，采用发育时间大于11个月的种子进行播种时，出现发育畸形的现象（Deb et al.，2011）。但胚发育年龄过小的种子在体外同样难以萌发。对小叶兜兰（*Paphiopedilum barbigerum*）胚受粉后不同发育时期的种子进行播种发现，胚发育年龄较小的种子较为幼嫩，含水量较高，与胎座紧密相连，播种时很难将种子与胎座完全分开，粘连着胎座组织的大量种子在培养一段时间后逐渐褐化，无法成功萌发。在其他一些兜兰属植物中也发现未成熟的兜兰种子易萌发且具有较高的萌发率，后随着种胚的成熟，萌发率逐渐降低（Lee et al.，2006；陈之林 等，2004）。Lee等（1996）认为导致台湾杓兰（*Cypripedium formosanum*）种子萌发率降低的主要原因可能

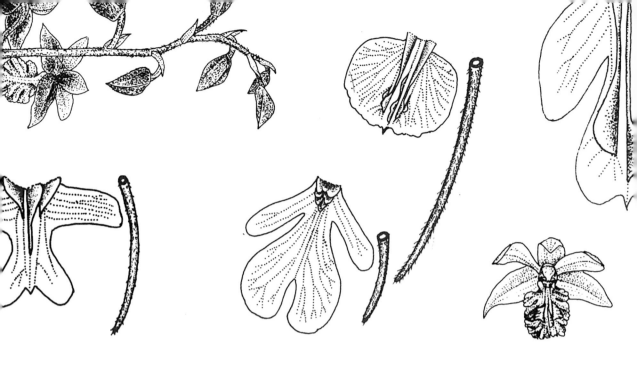

与成熟后期种子内存在的脂类物质有关，但张娟娟等（2013）则认为种子成熟后期木质素类物质的积累导致种皮透水性下降是造成种子萌发率降低的主要因素。兜兰属植物种子中的脂类物质在胚囊形成时便开始出现，脂类含量在种子成熟后期逐渐降低或者消失，与成熟阶段种子较低的萌发率下降无必然联系。导致兰科植物种子萌发困难的具体原因仍然存在争议。

多数植物种子萌发后胚根首先突出种皮，而兰科植物种子萌发后首先形成原球茎。原球茎是兰花种胚突破种皮后自然发生的一种结构，种胚吸水膨胀活化后开始发育，此时，白色种胚的细胞核变大、分裂增殖后突破合点端种皮形成绿色的球形或椭球形的结构，称为原球茎（徐程 等，2002）。原球茎存在结构上的两极性，顶端由较小的细胞组成，也就是茎尖。底部起到贮藏器官的功能，由较大的薄壁组织细胞组成。原球茎无性繁殖的两条路径：一是首先形成大量茎尖，然后发生不定根的内源萌生，二是初级原球茎表皮细胞形成众多次级原球茎（Batygina et al.，2003）。研究者通过诱导兰花未成熟种子或茎尖发育成原球茎，继而诱导原球茎增殖，建立快速繁殖系。余迪求等（1996）利用建兰未成熟果实内的种子诱导原球茎的发生，并将形成的原球茎置于合适的培养基中进行增殖培养，最后获得大量生长状态良好的幼苗。墨兰和大花蕙兰杂交形成的杂交种子萌发后形成原球茎，通过原球茎途径进行植株再生，获得较高的繁殖效率（蓝炎阳 等，1997）。

生长素类和细胞分裂素类为植物组织培养中常用的两类促生长调节剂，这两类物质的浓度和比例对植物组织的发育和分化方向具有重要作用。中国兰种子萌发在无激素条件下萌发后形成的类原球茎不断延伸成根状茎，添加激素能够诱导根状茎表面产生大量芽点，芽点发育成叶芽，最后形成幼苗。兜兰种子无菌萌发一般不需添加植物生长调节剂，种胚发育成的原球茎能够直接发育成小苗，但添加合适的植物生长调节剂能够诱导原球茎的增殖（曾宋君 等，2007）。对墨兰种子萌发形成的圆球体状原球茎进行诱导研究中，在恰当的诱导培养基中，原球茎既可以以丛生型原球茎的方式增殖成苗，也能够继续分化出根状茎形成幼苗（陈丽 等，1999）。原球茎发生途径和根状茎发生途径无论是在形态上还是在器官分化上都是两种截然不同的幼苗形成途径，从幼胚到胚状体的转变在兰花的离体繁殖中也较为多见，这种转变机制是一个复杂、多种因素诱导的过程。施加外源激素对幼苗形成途径的转变具有决定性的作用，无机盐、碳源、植物生长调节剂的添加对其形成过程的维持和增强发挥作用。而促使兰花以原球茎或者根状茎方式进行繁殖的内在分子机制仍待研究。

本章观察研究无距虾脊兰不同萌发状态下的种子结构特征、原球茎形态建成和发育细胞组织学特征、萌发过程中的一些特殊情况等；获得种子萌发过程中关键形态学阶段的激素含量变化情况；对种子萌发过程中关键结构——原球茎形成和分化前后四个阶段进行转录组测序，并比较不同阶段样本的基因表达差异。旨在揭示参与无距虾脊兰种子萌发及原球茎分化成幼苗过程中的内源激素变化及关键基因，从而为理解兰科植物种子繁殖过程提供基础生物学依据。

6.1　无距虾脊兰种子萌发过程

6.1.1　种子萌发特征

无距虾脊兰种子由种皮和种胚组成，种胚较小（图6-1a），种子质地脆弱，容易折断，将其播种于培养基中后，种胚吸水膨胀变大（图6-1b、c），此时细胞排列紧密，细胞体积和细胞核较大，球形胚体时期未见表皮组织的分化。种胚在突破种皮前就已显示出结构上的极性，种胚中的细胞具有不同的分化命运。种胚尚未发育完全时采摘蒴果，种胚在培养基中停止发育，同时也无法吸水膨胀进而启动萌发事件（图6-1d）。此外，胚龄相对较小时，蒴果内含水量较高，种子较为幼嫩，不仅难以分散开来充分吸收养分，而且易粘连胎座组织，播种后迅速褐化，影响萌发率。种胚发育正常，但正常播种后仍然无法萌发的种子停留在种胚吸水胀大未突破种皮阶段（图6-1b）。

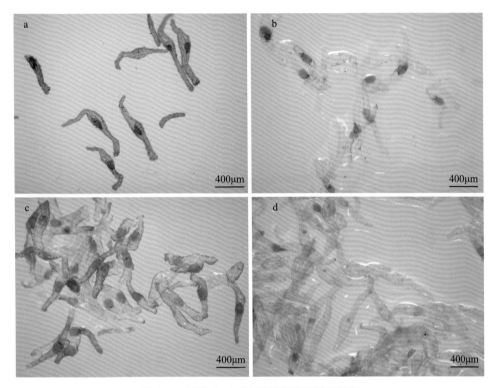

图 6-1　不同状态下的无距虾脊兰种子特征

a. 胚龄为 125d，未播种的种子；b. 胚龄为 125d，播种 9 个月未萌发的种子；c. 胚龄为 125d，播种 90d 的种子；d. 胚龄为 125d，播种 110d 的种子

6.1.2　种子萌发过程的形态学观察

　　试验结果表明，种子在培养基120d后可观察到种胚膨大，并逐渐突破种皮在培养基上形成绿色点状隆起，继而膨大形成原球茎。种胚突破种皮有两种方式，显示的是种胚从种子的一侧突破种皮，显示的是种胚从种子移向种子一端，最终突破种皮。随着时间推移，原球茎发育为卵圆形、长条形、椭圆形等多种形状。150d后原球茎上下两端分别形成叶原基和根原基。

　　种胚突破种皮到幼苗形成耗时1～2个月。自播种到观察停止的255d内，培养瓶中不断有原球茎出现并发育成幼苗。无距虾脊兰原球茎为顶端具有指状凸起，基部具有束状假根的球形或扁球形结构（图6-2e、f）。顶端凸起为封闭构造，不断伸长后分化出幼叶（图6-2f、g、h）。幼根在原球茎基部出现，长有大量根毛（图6-2h）。原球茎发育后期，其侧面将会出现多条根的生长，根的生长呈现明显的向地性（图6-2i）。

　　根据对培养过程中种子萌发特征的观察，将无距虾脊兰种子无菌萌发过程

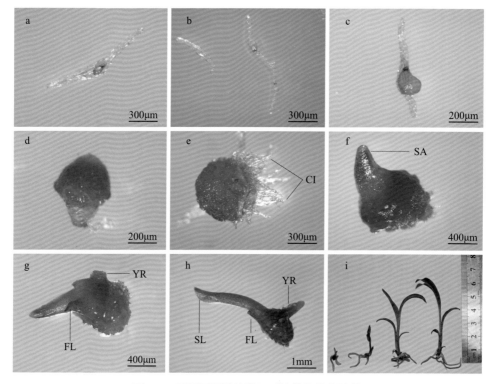

图6-2　无距虾脊兰从种子到幼苗的发育阶段

a. 未萌发种子；b. 种胚吸水膨大；c. 种胚突破种皮；d. 小球体状原球茎；e. 长有纤毛的原球茎；f. 原球茎上幼叶形成和伸长；g. 第1片叶分化和幼根出现；h. 幼苗初步形成；i. 幼苗

BP. 基部；CI. 纤毛；SA. 茎尖；FL. 第1片幼叶；SL. 第2片幼叶；YR. 幼根

分为以下6个阶段：①未成熟种子阶段（S0），种胚呈长椭圆形（图6-2a）；②种子吸水膨胀阶段（SA），种胚中含有数量较少、尚未分化的细胞，种胚首先吸水膨胀，体积变大，直到从合点端突破种皮（图6-2b）；③球形原球茎阶段（SB）；种胚突破种皮后形成的小球体表皮组织已经分化完成，其顶端细胞具备分生能力并形成茎顶端分生组织，浅绿色小球体颜色逐渐加深（图6-2c、d，图6-4b、c），形态学上端开始出现凸起；④指状原球茎阶段（SC），原球茎顶端出现的凸起不断伸长，顶端分生组织不断分化出叶原基，叶原基形成幼叶，原球茎基部尚未出现幼根（图6-2f，图6-4d）；⑤根叶分化阶段（幼苗初步形成）（SD），原球茎上端首先分化出第1片幼叶，该幼叶较小且位于幼苗基部，第2片幼叶顶端卷曲，呈现出叶片的雏形。根端分生组织在原球茎基部出现，随后生长发育成幼根突出表面（图6-2g、h，图6-4e、g）；⑥幼苗阶段（SE），幼叶和幼根发育完成（图6-2i）。

　　原球茎的发育过程中还存在一些特殊情况。原球茎初期，观察到培养瓶中有较多的原球茎死亡，表现为原球茎无绿色，最后变黑，种子萌发终止（图 6-3d）。此外，还观察到原球茎发育畸形以及具有多个生长点等现象（图 6-3c、f），这种异常发育的原球茎最终都无法形成幼苗。另外，有些原球茎发生分裂，分裂成的各部分在基部相连（图 6-3a、b），也存在 1 个原球茎上分化出 2 个茎尖，最后发育成 2 株幼苗的情况（图 6-3e）。

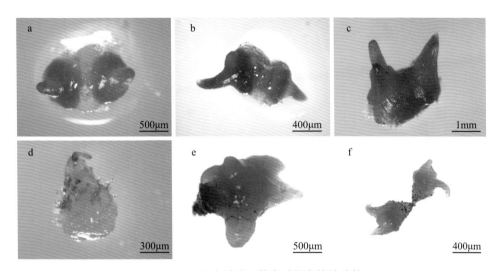

图 6-3　无距虾脊兰种子萌发过程中的特殊状况

a、b. 1 个种胚分裂形成 2 个原球茎；c. 1 个原球茎发育出 2 个茎尖；d. 褐化中的原球茎；e、f. 发育畸形

6.1.3　细胞组织学观察

常规石蜡切片法制片，以不同发育阶段的原球茎为材料，置于 FAA 固定液中固定过夜，切片厚度为 8μm，改良海氏苏木精—伊红染色，中性树胶封片，切片置于 OlympusCX41 光学显微镜和 OlympusSZ61 变焦体视显微镜下观察并拍照。

原球茎表皮为种胚中原表皮发育而来，由一层体积较小的细胞组成，排列整齐紧密。种子萌发后，球形胚体逐渐显示出极性，形态学上端细胞有丝分裂旺盛，细胞体积较小，具有相似的细胞学特征，下部薄壁细胞含有大量的淀粉粒。能够发育成茎顶端分生组织的细胞具有较大的核质比，细胞核位于细胞中央，基部的薄壁细胞体积扩大（图 6-4b、c）。顶端分生组织的发育模式遵循原套—原体学说，初始呈圆顶状结构，细胞不断分裂后呈圆锥形（图 6-4c、d、f）。顶端分生组织区的两侧细胞增大形成叶原基并突出表面，随后形成幼叶（图 6-4d、f），同时，顶端分生组织向内分化出的原形成层发育出维管束（图 6-4g），幼叶中的细胞分裂、增大后脱离茎端转变成肉眼可见的片状幼叶，芽体内部叶原基分化出 4～5 片幼叶后，原球茎基部出现新的原形成层，维管束由一束变为多束，此时，幼根在原球茎基部侧面形成，维管束起到连接幼叶和

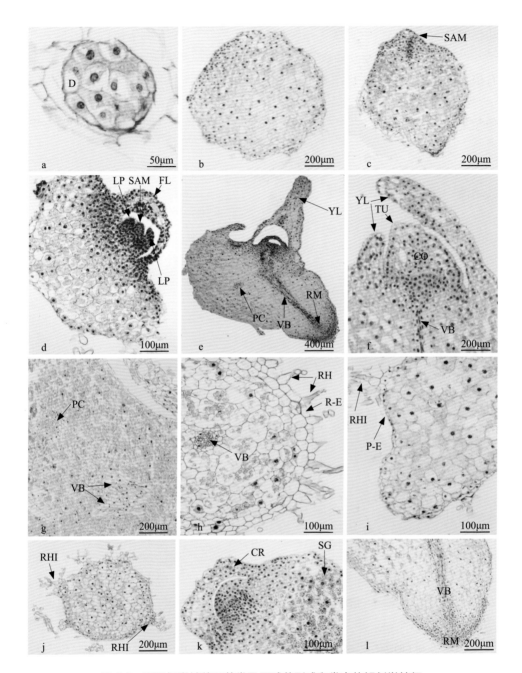

图 6-4　无距虾脊兰种子萌发及原球茎形成和发育的解剖学特征

　　a. 膨胀种胚，纵切；b. 球状原球茎，纵切；c. 顶端分生组织阶段的原球茎，纵切；d. 顶端分生组织分化出叶原基及幼叶形成，纵切；e. 具有根端分生组织的原球茎，纵切；f. 原球茎茎端，纵切；g. 具有原形成层和维管束的原球茎中部，纵切；h. 幼根，横切；i. 原球茎基部长有假根，纵切；j. 原球茎，横切；k. 原球茎，纵切；l. 幼根，纵切

　　D. 原表皮；SAM. 茎顶端分生组织；LP. 叶原基；YL. 幼叶；FL. 第 1 片幼叶；PC. 原形成层；VB. 维管束；RM. 根端分生组织；TU. 原套；CO. 原体；RH. 根毛；R-E. 根表皮；RHI. 假根；P-E. 原球茎表皮；CR. 晶体；SG. 淀粉粒

幼根的作用（图6-4e），此时开始进行幼苗阶段的生长。无距虾脊兰幼根具有单子叶植物根的典型特征，由表皮、皮层、中柱组成，中柱未充分发育，幼根具有根毛（图6-4h）。

　　淀粉粒在原球茎形成和发育的整个进程中大量存在，原球茎发育后期，淀粉粒集中于底部，原球茎基部起到类似贮藏器官的功能（图6-4k）。晶体散布于绿色的原球茎中，在茎顶端分布相对较多（图6-4k）。原球茎初期就开始形成的透明束状假根伸入培养基中，它具有两种起源方式，一是直接起源于表皮细胞的增厚，二是表皮细胞首先分裂突出表面，假根起源于增厚或者未增厚的表皮细胞（图6-4i、j）。

6.2　无距虾脊兰种子萌发过程中内源激素含量的变化

　　选取未成熟种子（播种前种子），播种80d未萌发种子（吸胀的种子阶段），萌发后的球形原球茎，指状原球茎，幼叶和幼根的分化及幼苗共六个阶段的样本为材料。分别编号为SO、SA、PB、PC、PD和PE。每个阶段样本取3个生物学重复。采集发育各阶段的样本立即置于液氮中速冻，存放于-80℃冰箱保存，待样本全部收集好后，采用酶联免疫吸附测定方法检测包括脱落酸（ABA）、生长素（IAA）、玉米素（ZR）、赤霉素（GA$_3$）、茉莉酸甲酯（JA-ME）、油菜素内酯（BR）、异戊烯基腺苷（IPA）在内的7种内源激素的含量。

6.2.1　脱落酸（ABA）含量的变化

　　图6-5所示为无距虾脊兰种子萌发过程中ABA含量变化情况。在整个萌发过程中，ABA含量总体呈下降趋势。吸胀的种子时期与播种前的种子期相比，ABA含量剧烈下降，由122.67ng/g FW下降到30.15ng/g FW（表6-1）。在种子萌发后形成球形原球茎时ABA含量略有上升，由未播种种子到球形原球茎阶段，ABA含量都存在显著性差异。在原球茎发育和分化形成幼苗的后三个阶段，ABA含量保持较低水平，无显著性差异。

6.2.2　生长素（IAA）含量的变化

　　图6-6所示为种子萌发过程中IAA含量的变化情况，从图中可以发现发育过程中IAA含量波动幅度较大。在种子采收还未播种时IAA含量最低，为27.74ng/g FW。

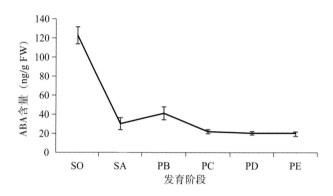

图 6-5　无距虾脊兰种子萌发过程 ABA 含量变化

SO. 播种前种子；SA. 吸胀的种子；PB. 球形原球茎；PC. 指状原球茎；PD. 分化阶段；PE. 幼苗；下同

表 6-1　无距虾脊兰种子萌发过程不同发育阶段内源激素含量

取样阶段	ABA 含量 (ng/g FW)	IAA 含量 (ng/g FW)	ZR 含量 (ng/g FW)	GA3 含量 (ng/g FW)	IPA 含量 (ng/g FW)	JA-ME 含量 (ng/g FW)	BR 含量 (ng/g FW)
SO	122.67 ± 8.90a	27.74 ± 2.60f	7.52 ± 0.43b	5.61 ± 0.45c	5.05 ± 0.34e	27.74 ± 2.60d	4.83 ± 0.27c
SA	30.15 ± 6.29c	58.25 ± 3.53c	7.12 ± 0.46b	5.24 ± 0.23c	6.53 ± 0.37d	58.25 ± 3.53b	4.82 ± 0.23c
PB	40.97 ± 6.76b	68.15 ± 7.10b	7.44 ± 0.45b	7.32 ± 0.50ab	12.36 ± 0.76b	68.15 ± 7.10b	5.16 ± 0.34bc
PC	21.89 ± 2.16cd	31.81 ± 1.89e	9.73 ± 0.55a	7.76 ± 0.51a	14.49 ± 0.27a	61.47 ± 4.40b	5.67 ± 0.40b
PD	20.31 ± 1.85d	83.70 ± 4.26a	7.80 ± 0.59b	6.54 ± 6.46b	12.27 ± 1.30b	83.70 ± 4.26a	4.90 ± 0.32c
PE	19.40 ± 2.33d	44.03 ± 5.21d	9.06 ± 0.43a	6.78 ± 0.64b	10.24 ± 0.68c	44.03 ± 5.21c	6.75 ± 0.45a

注：同一行不同字母表示存在显著性差异（$P<0.05$）。

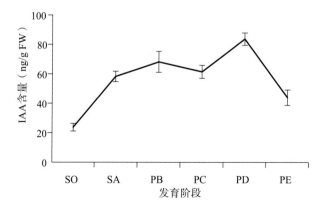

图 6-6　无距虾脊兰种子萌发过程 IAA 含量变化

幼叶分化和幼根出现的PD阶段IAA含量最高，为83.70ng/g FW。吸水膨胀时期IAA含量大幅度增加。在原球茎发育和分化的SA、PB及PC阶段，其含量无显著的变化。当幼苗完全形成时，IAA含量急剧降低（表6-1）。

6.2.3　玉米素核苷（ZR）和赤霉素（GA₃）含量的变化

种子萌发过程中ZR和GA₃含量整体无明显的波动（图6-7、图6-8），都在指状原球茎PC时期达到最大值，分别为9.73ng/g FW和7.76ng/g FW（表3-1）。

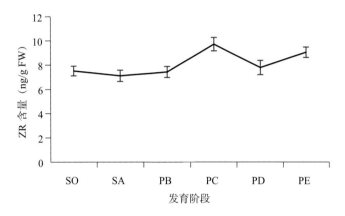

图 6-7　无距虾脊兰种子萌发过程 ZR 含量变化

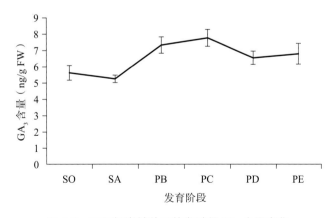

图 6-8　无距虾脊兰种子萌发过程 GA₃ 含量变化

6.2.4　茉莉酸甲酯（JA-ME）含量的变化

JA-ME为挥发性茉莉酸类物质，广泛分布于植物的幼嫩组织中。JA-ME含量在种子萌发过程中整体呈上升趋势（图6-9），萌发过程中相邻两个阶段的

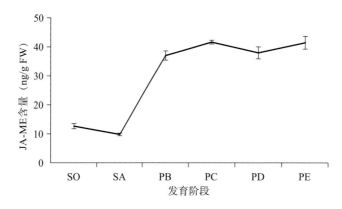

图 6-9　无距虾脊兰种子萌发过程 JA-ME 含量变化

JA-ME含量都存在显著性差异，在SO和SA阶段具有较低的IAA含量，在吸胀种子中达到最低水平，为9.82ng/g FW，种子萌发后，JA-ME 含量急剧增加到37.02ng/g FW，并在随后的PC阶段达到最高水平（表6-1）。从图6-9中可以看出JA-ME的含量在原球茎发育和分化成完整幼苗过程中无较大的变化。因此，JA-ME可能在无距虾脊兰种子萌发形成原球茎过程中发挥重要作用。

6.2.5　油菜素内酯（BR）含量的变化

图6-10所示为种子萌发过程中BR含量的变化情况。前四个发育阶段的BR含量无显著变化。在原球茎分化出根和叶时，BR含量略微下降，又在幼叶和幼根发育和伸长时显著增加（表6-1）。在幼苗完全形成时BR含量达到最大值。推测BR可能在无距虾脊兰幼叶的伸展、扩张以及幼根的伸长中发挥作用。

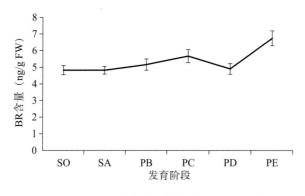

图 6-10　无距虾脊兰种子萌发过程 BR 含量变化

6.2.6　异戊烯基腺苷（IPA）含量的变化

图6-11所示为种子萌发过程中IPA含量的变化情况。IPA含量总体上呈现先上升后下降的趋势，任一相邻两个发育阶段之间的IPA含量都存在显著性差异。在PC阶段IPA含量达到最大值14.49ng/g FW，在未播种的种子中其含量最低（表6-1）。由图6-11中可以看出，由SA阶段到PB阶段，IPA含量上升幅度较大，表明了其含量的增加可能与原球茎的形成有一定关系。

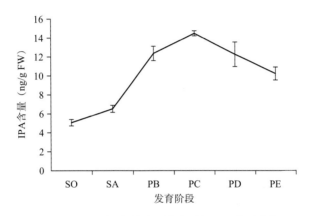

图 6-11　无距虾脊兰种子萌发过程 IPA 含量变化

6.2.7　内源激素比值的变化

图6-12所示为无距虾脊兰种子萌发过程中促进生长类的激素与抑制生长的激素的比值变化情况。IAA/ABA的比值与（IAA+GA$_3$+ZR）/ABA的比值具有相似的变化趋势，均呈起伏波动的趋势，且都在采收未播种的种子中比值最低，

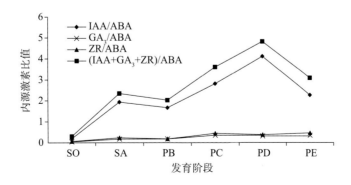

图 6-12　无距虾脊兰种子萌发过程内源激素比值的变化

在幼苗初步形成时达到最高。GA_3/ABA的比值与ZR/ABA的比值的变化情况一致，比值整体较低，整个萌发进程中无明显的起伏。

6.2.8 内源激素在虾脊兰种子萌发中的作用分析

以无距虾脊兰种子萌发到幼苗形成的六个时期为材料，检测了其中的内源激素含量。其中，脱落酸、生长素、茉莉酸甲酯、异戊烯基腺苷在萌发过程中波动幅度较大，脱落酸在种子吸水膨胀阶段含量剧烈下降，此后保持较低的水平。生长素含量在整个萌发过程中变化幅度较大；茉莉酸甲酯在前两个发育阶段保持较低的含量，在种子成功萌发后的球形原球茎阶段，其含量大幅度上升，并在之后保持较高的含量；异戊烯基腺苷的含量缓慢增加并在指状原球茎阶段达到巅峰，后小幅度下降。其他3种激素——赤霉素、油菜素内酯、玉米素核苷在萌发过程中波动幅度较小，玉米素在指状原球茎阶段含量显著增加，而油菜素内酯则在最后一个阶段含量显著增加达到峰值。因此，脱落酸含量的降低对种子成功萌发至关重要，生长素在种子萌发和原球茎分化过程中都存在一定的作用。异戊烯基腺苷可能调控种胚的分化、叶原基的起始和分化等。赤霉素和茉莉酸甲酯作用于种子萌发，而玉米素和油菜素内酯则有可能调控原球茎分化成幼苗这一过程。

ABA一直以来被认为是与抑制种子萌发作用密切相关的物质。ABA含量在采收未播种种子中最高，而本研究中的其他6种激素在此时期ABA含量最低。在吸水膨胀的种子中，ABA含量急剧下滑至较低水平，种子的萌发起始于种胚吸水膨胀，萌发前ABA含量的大幅度下降暗示了无距虾脊兰启动萌发需要较低的ABA水平。这与前人对云南重楼（*Paris polyphylla*）未萌动种子和未播种种子的研究一致（苏海兰 等，2018；浦梅 等，2016）。无距虾脊兰播种后3个月左右才能萌发，ABA含量在采收未播种种子中含量极高，这期间可能经历了较长的ABA含量逐渐降低的时期。因此，不同的植物ABA作用模式存在差异。

JA-ME作为一种信号分子，能够调节植物一系列生理和生化反应。JA-ME含量在种子萌发后剧烈增加，在原球茎形成和分化成幼苗过程中保持较高的含量，JA-ME与ABA具有相似的生理功能，都具有抑制种子萌发、果实的成熟和脱落等功能（李劲 等，2006）。JA-ME另一广泛的生理功能是作为胁迫响应类激素参与植物发育，它在植物面对生物（病虫害）和非生物胁迫（低温、机械损害、干旱等）做出防御响应。对处于干旱胁迫状态下的小麦根系喷施外源JA-ME可显著降低叶片的蒸腾速率（Ma et al., 2014）。对玉米进行外源JA-ME处理时可显著提高叶片的光合速率（忽雪琦 等，2018）。水分是光合作用的原料之一，蒸腾速率的降低有利于维持植物体内水分在较高的水平。因此，我们推测吸胀种子中较低的JA-ME含量有利于种子萌发，其后含量大幅增加可能与原球茎和初步形成的幼苗尚未发育出能够伸入培养基中吸收水分和养分的根系有关，是无距虾脊兰原球茎面对有限的水分吸收能力的一种自我保护和响应机制，JA-ME保持较高含量有利于维持原球茎内水分的含量，提高光合速率。

IAA为无距虾脊兰种子萌发过程中的另一重要激素。众多的研究普遍关注了IAA在促进植物细胞伸长和分裂、侧根和胚轴的生长等方面的作用，关于IAA在种子萌发过程中的作用存在争议，有研究表明IAA含量的增加有利于种子萌发，其他研究则发现IAA含量的升高可能起到促进种子休眠的作用。本研究中，IAA含量在种子吸水膨胀期间显著增加，段承俐等（2010）对三七种子的研究也发现IAA在种子萌发前持续增加。这可能与吸水胀大期间种胚中细胞的分裂与增长有关。关于其含量增加与种子萌发的关系目前还不能断定。

ZR和IPA都为植物体内存在的天然细胞分裂素。ZR为游离态细胞分裂素，IPA为结合态细胞分裂素，可以和tRNA结合。ZR和IPA都在促进细胞分裂和伸长以及叶绿素的合成和光合作用中发挥重要作用（余叔文 等，1999）。ZR含量在无距虾脊兰原球茎形成和分化出幼叶中显著上升，而IPA含量在前四个阶段持续上升，指状原球茎阶段达到巅峰，这说明了ZR主要促进叶原基细胞的分裂，而IPA促进种胚细胞和原球茎细胞的分裂，IPA可能在叶原基的起始和发育中扮演重要的角色。

种子发育过程的调控需要不同激素之间的协同作用和相互作用，尤其是促进萌发（生长）和抑制萌发（生长）类激素之间的相对平衡。GA_3/ABA的比值和ZR/ABA的比值无显著的波动。而IAA/ABA比值与（IAA+GA_3+ZR）/ABA比值变化幅度较大，与IAA含量的变化趋势基本一致。这表明IAA在种子萌发和幼苗形成过程中发挥主要的调控作用。值得注意的是由吸胀的种子到球形原球茎，虽然IAA含量增加但这两者的比值降低，我们发现ABA含量在这期间显著增加是导致IAA/ABA的比值与（IAA+GA_3+ZR）/ABA的比值降低的主要原因。有研究表明，ABA即可以通过影响生长素的生物合成和极性分布来抑制侧根的发育，也可能作用于种子萌发前，刺激侧根原基的形成，因此，不同植物具有不同的ABA作用模式。该阶段ABA含量的增加对根分生组织形成和分化产生正调控还是负调控作用还需研究。

6.3 无距虾脊兰种子萌发过程的转录组分析

参照前面对无距虾脊兰种子萌发过程的阶段划分，采取吸水膨胀的种子（SA）、球形原球茎（PB）、指状原球茎（PC）及幼叶和幼根分化阶段（PD）的四个时期的样本，为保证研究的可靠性，每个阶段采用3个生物学重复，分别提取12个样本的RNA，制备cDNA文库并进行转录组测序。

6.3.1 转录组测序数据统计

如表6-2所示，Illumina测序仪共产生了592645857条原始序列，对低质量的序列进行过滤后获得577527375条clean reads，后续的生物信息学的分析在clean reads的基础上进行。各样本的原始数据Q30分布在46.30%～95.75%，GC含量范围为45.41%～46.52%。clean reads组装，拼接后得到73528条Unigenes，总长度为83460073bp（碱基），平均长度为1135bp，N50长度为1558bp。所有拼接得到的Unigenes长度均在300bp以上。其中，Unigene长度在300～500bp之间的有18914条（25.72%），在500～1000bp之间的有26648条（36.24%），1000～2000bp之间的有17972条（24.44），Unigene长度大于等于2000bp的有9994条（13.60%）。

表 6-2　无距虾脊兰转录组序列质量与组装质量数据统计

类　　别	项　　目	数　　目
序列质量	Total raw reads	592645857 条
	Total clean reads	577527375 条
	Range of Q30（%）	95.21～95.67
	Range of GC content（%）	45.41～46.52
组装质量	Total Unigenes（300～500bp）	18914 条（25.72%）
	Total Unigenes（500～1000bp）	26648 条（36.24%）
	Total Unigenes（1000～2000bp）	17972 条（24.44%）
	Total Unigenes（≥2000bp）	9994 条（13.60%）
	Total length of Unigenes（bp）	83460073
	N50 length of Unigenes（bp）	1558
	Average length of Unigenes（bp）	1135

6.3.2　Unigene 功能注释

将无距虾脊兰转录组测序、组装、拼接后获得的Unigenes比对NR、Swissprot、KOG、KEGG、eggNOG、GO和Pfam 7个公共数据库。比对结果见表6-2，分别有35369条（48.10%）、25124条（34.17%）、21959条（29.86%）、9946条（13.53%）、31990条（43.51%）、23107条（31.43%）以及56条（0.08%）Unigenes比对到上述7种数据库。具体的序列长度注释结果见表6-3。

表 6-3　无距虾脊兰转录组测序序列功能注释

数据库	注释数目	300bp ≤长度 <1000bp	长度 ≥ 1000bp
NR	35368 条（48.10%）	14024 条（19.07%）	21344 条（29.03%）
Swissprot	25124 条（34.17%）	8204 条（11.16%）	16920 条（23.01%）
KEGG	9946 条（13.53%）	3157 条（4.29%）	6789 条（9.23%）
KOG	21959 条（29.86%）	8275 条（11.25%）	13684 条（18.61%）
eggNOG	31990 条（43.51%）	11712 条（15.93%）	20278 条（27.58%）
GO	23107 条（31.43%）	7730 条（10.51%）	15377 条（20.91%）
Pfam	56 条（0.08%）	46 条（0.06%）	10 条（0.01%）

6.3.3　Unigenes 的功能分类

NR为非冗余蛋白数据库，通过对Unigenes进行blastx比对，获得与无距虾脊兰Unigenes具有最高相似性的蛋白质。比对到NR数据库的Unigenes中，共有35368条具有注释结果。其中，注释基因的同源序列物种分布结果显示油棕（*Elaeis guineensis*）为比对上的Unigenes最多的物种，占24.87%，其次是海枣（*Phoenix dactylifera*），与其他物种小果野芭蕉（*Musa acuminata* subsp. *malaccensis*）、葡萄（*Vitis vinifera*）、凤梨（*ananas comosus*）等比对上的同序列较少，分别仅占8.13%、6.33%、3.63%。另外，10055条（28.43%）Unigenes比对到同源序列更少的物种上。

KOG数据库是对基因产物进行直系同源分类的数据库。KOG数据库的比对结果将无距虾脊兰转录组测序获得的Unigenes分为24大类，其中，一般功能预测中的基因数目最多（10031条），其次为翻译后修饰、蛋白质折叠和分子伴侣类基因（1662条）以及与信号转导机制有关的基因（1621条）。仅有8条和60条Unigenes分别注释到细胞运动和胞外结构。

GO数据库可用于对各种数据库中的基因产物功能进行分类。GO可划分三个不同的本体：生物学过程、细胞组分和分子功能。每一个本体下又包含多个不同层级的term。无距虾脊兰转录组GO功能注释结果显示，分别有18754个、20485个和19726个基因归属到这三个本体中。生物学过程中，细胞过程（15656个）和代谢过程（13648个）亚类占有的基因最多，细胞组分中占有基因比例最高的亚类为细胞（19213个）、细胞部分（19180个）和细胞器（16191个），而分子功能中涉及基因比例最高的亚类为结合（14900个）和催化活性（12910个）。

9946条Unigenes注释到KEGG数据库后被分为25类代谢途径。其中，信号转导（881条，8.86%）、碳水化合物代谢（782条，7.86%）和翻译（777条，7.81%）为涉及基因数目最多的类别。其他涉及基因较多的途径包括折叠（606条，6.09%）、分类和降解（545条，5.48%）、转运和代谢、能量代谢（506条，5.09%）等。

6.3.4　差异表达基因分析

6.3.4.1　差异表达基因的筛选

筛选P-value<0.05，Foldchange>2的Unigenes为待分析的差异表达基因。在四个发育阶段的6个比较组中，PB阶段和SA阶段具有最多的DEGs，其中有9046个基因表达量上调，4255个基因表达量下调。PC阶段和PB阶段之间的差异基因最少，在仅有的1031个差异基因中，381个基因上调表达，650个基因下调表达。另外，PD阶段相比于PB阶段具有最多的下调表达差异基因（图6-13）。由此可知，在PB阶段大量基因被活化参与发育过程。

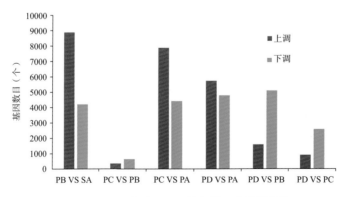

图 6-13　无距虾脊兰不同比较组差异表达基因数目

6.3.4.2　差异表达基因的GO分类和功能注释

为了解涉及无距虾脊兰原球茎形成和分化发育的重要基因，我们对相邻两比较组筛选到的差异基因进行GO富集分析和功能注释（PB VS SA、PC VS PB、

PD VS PC）。结果表明，不同比较组的差异表达基因具有相似的富集条目。属于生物学过程的基因富集最多的亚类是细胞过程和代谢过程；属于细胞组分的基因富集最多的亚类是细胞和细胞部分，而分子功能中的基因富集最多的亚类是结合和催化活性。为进一步了解GO富集的具体情况。我们筛选出每个亚类中对应的差异基因数目大于2的条目，根据其-log10（P-value）值由大到小进行排序，对每个大类中的前10个富集的条目进行作图分析（图6-14）。球形原球茎和吸胀活化的种子阶段相比（PB VS SA），差异基因主要聚集在体细胞胚发生、蛋白质聚合、蜡质生物合成、绿叶挥发性生物合成、光合作用等生物学过程，细胞组分中则包括类囊体膜组成部分、光合系统Ⅰ反应中心、叶绿体淀粉粒、光合系统Ⅰ、光合系统Ⅱ等；指状原球茎和球形原球茎阶段相比（PB VS PC），生物学过程中差异基因显著富集的条目为烷类生物合成、乙醛酸循环、蜡质生物合成、细胞壁生物合成、碳代谢、表皮发育等过程，细胞组分中显著富集的条目为乙醛酸循环体、胞外区域等；幼叶和幼根分化与指状原球茎时期之间（PC VS PD）的差异基因显著富集的GO条目包括DNA融合、木质素代谢、植物型次级细胞壁的生物合成等生物学过程。

6.3.4.3 差异表达基因KEGG富集分析及注释

为确定与无距虾脊兰原球茎形成和分化过程有关的代谢途径，对获得的差异基因实施了KEGG富集散点图分析。P-value为描述富集显著性的指标，其值越小代表富集越显著。选择P-value值最高的20个绘制散点图。富集结果表明，在球形原球茎与吸胀活化的种子阶段之间（SA VS PB）的差异表达基因中，显著富集的途径有光合作用、触角蛋白、磷酸盐和亚磷酸盐代谢、类黄酮生物合成、苯丙素生物合成等。指状原球茎和球形原球茎阶段之间的（PB VS PC）差异基因富集的代谢途径最少，主要富集的代谢途径有苯丙素生物合成、淀粉和蔗糖代谢等。幼叶和幼根分化阶段与指状原球茎阶段之间（PC VS PD）的差异基因可能参与的代谢途径则包括苯丙素生物合成、脂肪酸延伸、泛素、角质和蜡质的生物合成、信号途径、类胡萝卜素生物合成、氮代谢等。

6.3.4.4 差异表达基因的K-means聚类

对相邻两比较组共8219个差异基因进行K-means聚类。如图6-15所示，共产生8个基因聚类，每个聚类分别有2326个（28.30%）、467个（5.68%）、862个（10.49%）、699个（8.50%）和1195个（14.54%）差异基因，其中聚类1中的差异基因数最多，聚类2中的数目最少。我们进一步对聚集在这8个聚类的差异基因进行GO富集和功能注释。

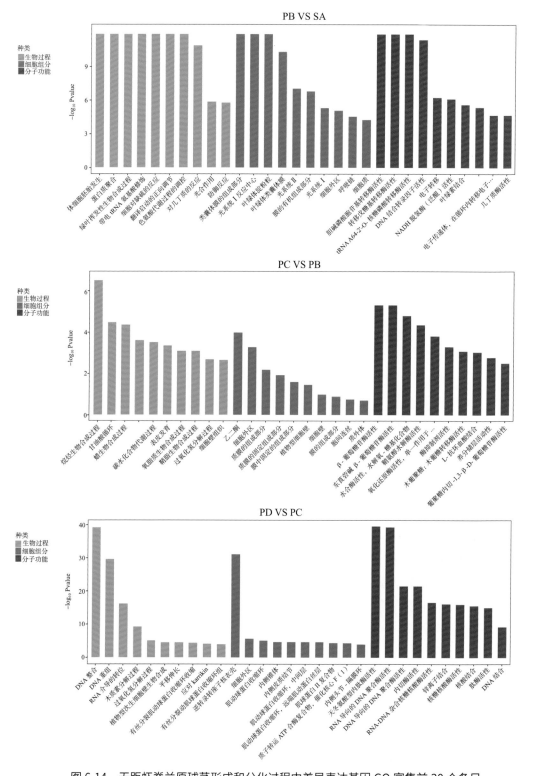

图 6-14　无距虾脊兰原球茎形成和分化过程中差异表达基因 GO 富集前 30 个条目

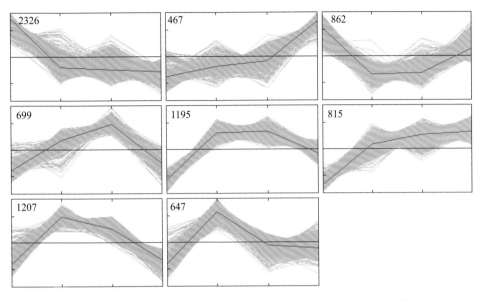

图 6-15 无距虾脊兰原球茎形成和分化过程中差异基因 K-means 聚类分析

聚类1中的差异基因在SA阶段高表达，在后三个阶段保持较低的表达水平且无显著的变化趋势。其中，差异基因最显著富集在有机物生物合成过程（GO：1901576）、单有机体代谢过程（GO：0044710）、胁迫响应（GO：0006950）、ATP代谢过程（GO：0046034）、呼吸电子传递链（GO：0022904）等。呼吸电子传递链主要包含一些构成呼吸链的组成部分，如众多编码NADH-泛醌氧化还原酶链（CL11157Contig1、CL1646Contig1、CL3084Contig1等）的同源基因，编码细胞色素蛋白（CL205Contig1，comp23781_c0_seq1_1）、细胞色素复合体亚基（comp7044_c0_seq1_1）及细胞色素氧化酶亚基（CL12Contig5，CL38219Contig1、CL1386Contig1等）的同源基因，另外还包括编码拟南芥甘油-3-磷酸脱氢酶和NADH-脱氢酶（CL6810Contig1、CL13754Contig1）同源基因，这些基因在种胚吸胀活化阶段高表达，这表明种子在萌发前经历强烈的呼吸作用，氧化分解种子内合成和贮藏的营养物质以生成ATP。这与该阶段同时具有旺盛的ATP代谢过程相符合。另外，我们发现脂质和木质素的生物合成过程以及相应的代谢过程同样在聚类1中显著富集，脂质合成途径包含超长链脂肪酸生物合成途径的关键酶烯酰辅酶A还原酶ECR（CL1334Contig2）、磷酸乙醇胺胞苷转移酶PECT1（CL15789Contig1、CL1Contig140）和参与蜡质合成途径的拟南芥CER2同源基因（CL24373Contig1）。3-酮脂酰-CoA硫解酶PED1的同源基因（comp4914_c0_seq1_4）和二酰基甘油酰基转移酶PDAT1（comp9042_c0_seq1_1）也在脂质合成途径中出现，PED1在脂肪酸的分解和代谢中发挥关键作用，PDAT1是三酰甘油合成途径的关键酶。我们可以推断活化的种子中存在强烈的木质素和脂类的合成及代谢活性。

聚类2中的差异基因在最后一个阶段高表达，在前三个阶段低表达且无显著的变化，富集结果显示该聚类中的基因主要涉及氨基糖、几丁质、木质素在内的有机物的水解过程。此外，活性氧代谢（GO：0072593）、碳水化合物代谢和植物次级细胞壁的起源（GO：0009834）等生物化学过程同样在聚类2中显著富集。另外，我们发现5个富集到叶片形态建成条目（GO：0009965）的基因也在幼苗初步形成时显著高表达。

在SA和PD阶段高表达，但在中间两个发育阶段低表达的差异基因被富集到聚类3中，富集结果显示聚类3中的差异基因主要涉及蛋白质运输和定位（GO：0015031和GO：0045184）、有机物的运输（GO：0071702），Ras蛋白信号转导（GO：0071702）。这表明吸胀的种胚阶段和幼苗初步形成时可能具有旺盛的蛋白质活动。植物发育过程中可能会贮藏大量的蛋白质作为种子萌发的营养物质来源，蛋白质可能是无距虾脊兰种子萌发的供能物质之一，而淀粉为原球茎发育和分化阶段的能量来源。

聚类4和聚类5具有相似的表达趋势，差异基因分别在PC阶段和PB阶段具有最高的表达水平，而聚类5中PB和PC阶段的基因表达水平无明显差异。聚类4中的差异基因显著富集到的GO条目为DNA融合（GO：0071702）、DNA代谢（GO：0006259）、核酸代谢（GO：0090304）等。聚类5富集到的GO条目主要包括防御响应（GO：0006952）、几丁质响应（GO：0010200）、刺激响应（GO：0050896）、激素响应（GO：0009725）等。刺激响应条目中主要包括大量编码乙烯响应转录因子的基因以及一些编码WRKY转录因子的基因。如与烟草（*Nicotiana tabacum*）同源的ERF2（CL1Contig91）、ERF3（comp7561_c0_seq1_2）和ERF5（CL22655Contig2）、与拟南芥同源的ERF1A（CL1274Contig1）、ERF4（comp7994_c0_seq1_1）、ERF5（CL17134Contig1）、ERF025（CL19814Contig1）、ERF013（comp7415_c0_seq1_2）等。ERF类转录因子在植物的生物和非生物胁迫中发挥重要作用。

聚类6和聚类1具有相反的表达趋势，差异基因在SA阶段低表达，在后三个阶段高表达且表达趋势无显著波动。我们发现该聚类富集的GO条目主要与光合作用有关，最显著富集的为光合作用（GO：0015979）及属于光合作用的光反应过程（GO：0019684），其他GO条目还包括生物学刺激响应（GO：0009607）、碳水化合物代谢（GO：0005975）、不对称细胞分裂（GO：0008356）等。与光合作用有关的基因涉及光合色素和光合电子传递链的各个组成部分。这些基因编码蛋白包括光合系统Ⅰ反应中心亚基PSAD（CL33506Contig1）、PSAF

（CL24324Contig1）、PSAE（CL13220Contig1）、PSAH（CL25443Contig1）和PSAL（CL26274Contig1），光合系统Ⅱ多肽PSBR（CL13757Contig1）和蛋白PSBS（CL31554Contig1），细胞色素PETC（CL23859Contig1）、PETA（comp34462_c0_seq1_2）、PETJ（CL12185Contig1）和PSBE（CL411Contig4），铁氧化还原蛋白FDX2（CL8206Contig1）、FDX3（CL7838Contig1）和PETH（CL23033Contig1），放氧蛋白PSBO（CL3047Contig1）和PSBP（CL21374Contig1），ATP合酶γ链ATPC（CL4969Contig1）等。另外，与器官形态建成和生长素响应有关的基因也在聚类6中显著富集，器官形态建成条目中包含一些参与叶片生长和分化的转录因子和蛋白的编码基因（*YAB1*、*DL*、*TCP3*等）。

聚类7和聚类8中差异基因的表达值在球形原球茎阶段达到峰值，两者显著富集的GO条目较少，涉及的GO条目相似，都在DNA融合（GO：0015074）、DNA代谢过程（GO：0006259）和DNA重组过程（GO：0006310）显著富集。

6.3.4.5　幼苗形态建成有关基因

由表6-4所示，我们筛选到涉及茎尖形成和叶片发育的基因多数具有一致的表达趋势。它们都在种子吸水膨胀阶段低表达，在后三个阶段高表达。*YAB1*调控茎顶端分生组织发育的起始，*YAB1*与转录抑制因子LUG结合组成YAB-LUG蛋白复合体共同影响叶片近轴细胞特性、控制顶端分生组织的起始和维持。本研究中含有三个与拟南芥同源的含NAC结构域蛋白CUC2，CUC2为茎顶端分生组织特异

表 6-4　无距虾脊兰幼苗形态建成相关差异基因

基因编号	注　释	基因名称
CL2011Contig2	Axial regulator YABBY 1	*YAB1*
CL32827Contig1	Axial regulator YABBY 1	*YAB1*
CL1Contig2367	Transcriptional corepressor LEUNIG	*LUG*
CL19819Contig1	Protein CUP-SHAPED COTYLEDON 2	*CUC2*
CL21881Contig1	Protein CUP-SHAPED COTYLEDON 2	*CUC2*
CL22399Contig1	Protein rough sheath 2	*RS2*
CL10066Contig1	Transcription factor AS1	*AS1*
CL34818Contig1	Protein DROOPING LEAF	*DL*
CL21897Contig1	Serine/threonine-protein kinase WAG2	*WAG2*
CL8137Contig1	Serine/threonine-protein kinase WAG2	*WAG2*
CL6421Contig1	BEL1-like homeodomain protein 4	*BLH4*
CL6317Contig1	NAC domain-containing protein 21/22	*NAC021*
CL5923Contig1	Receptor protein-tyrosine kinase CEPR1	*CEPR1*

调控因子STM的转录激活子，参与调控胚发生期间分生组织的形成。玉米*RS2*和拟南芥*AS1*基因为同源类*MYB*基因，与拟南芥同源的*AS1*参与细胞分化，正调控茎尖分生组织边界的建立。*RS2*在原球茎分化成幼苗的三个阶段表达量较高，也在叶片发育过程中发挥作用。*DL*基因为*YABBY*家族成员，它可通过诱导叶片中部细胞增殖从而调控叶片中脉的形成。丝氨酸/苏氨酸蛋白激酶WAG2参与生长素信号的调控，并通过增强*PIN*介导的生长素极性运输调控叶片发育。拟南芥同源转录因子*BLH4*可能调控叶片形态的建立。

涉及幼根形成和发育的基因在最后一个阶段具有最高的表达丰度，拟南芥同源含NAC结构域蛋白*NAC021*通过介导生长素信号控制侧根发育，在前三个阶段低表达，在幼根形成后的最后一个阶段相对高表达。蛋白激酶CEPR1为*CEP*家族成员的受体，*CEP*家族基因能够调控侧根的起始和发育，同样在最后一个阶段具有较高的表达水平。

6.3.4.6　内源激素生物合成、代谢和信号转导相关基因

从GO富集和KEGG富集结果中寻找与生长素、脱落酸、细胞分裂素和赤霉素生物合成和信号转导相关的基因（*map04075*）。与生长素有关的差异基因数目最多。详细的基因列表见表6-5。

表 6-5　无距虾脊兰原球茎形成和分化过程中植物激素生物合成、代谢、信号转导相关差异基因

基因编号	SA	PB	PC	PD	基因名称
生长素生物合成					
CL11996Contig1	1.00	0.18	0.15	0.18	*YUCCA8*
CL21514Contig1	21.83	13.78	14.77	16.42	*RVEL1*
CL2845Contig1	2.96	1.95	2.34	3.91	*TAR2*
CL5284Contig1	0.45	2.19	3.47	2.64	*SRS5*
CL4761Contig1	32.97	153.21	201.62	339.52	*TSA1*
CL26170Contig1	2.15	18.89	30.27	33.24	*WAT1*
生长素代谢					
CL12861Contig1	157.59	78.02	60.46	33.70	*DA0*
CL26247Contig1	8.22	2.18	1.56	0.42	*DA0*
comp6667_c0_seq1_4	181.04	78.21	60.25	44.60	*DA0*
CL827Contig3	356.67	244.81	168.41	73.78	*DA0*
生长素信号转导					
CL9611Contig1	0.58	5.89	10.73	11.36	*LAX2*
CL12849Contig1	4.22	14.85	16.15	17.86	*IAA3*
CL27131Contig1	0.05	1.57	5.02	8.52	*IAA25*
CL13386Contig1	0.65	1.66	4.07	3.63	*GH3.11*

续表

基因编号	SA	PB	PC	PD	基因名称
CL426Contig2	0.91	3.73	2.39	3.59	*GH3.8*
CL10769Contig1	29.66	11.61	10.83	11.62	*Auxin-induced protein 6B*
CL10794Contig1	10.05	3.80	1.99	2.61	*SAUR72*
CL13052Contig1	5.38	49.33	72.90	53.12	*SAUR32*
CL26222Contig1	31.98	15.48	15.77	24.88	*SAUR50*
CL7797Contig1	12.97	8.23	12.85	12.42	*SAUR71*
CL25005Contig1	1.21	1.84	4.13	9.29	*SAUR50*
CL18214Contig1	1.43	0.69	0.96	3.33	*SAUR36*
CL21343Contig1	5.04	5.09	6.24	11.61	*ARG7*
脱落酸生物合成					
CL19852Contig1	10.42	6.93	7.98	10.31	*MHZ4*
CL3941Contig1	10.14	3.95	4.32	8.42	*XERICO*
comp8143_c0_seq1_1	44.61	5.22	4.94	12.47	*XERICO*
CL1487Contig1	1.56	25.33	27.03	7.77	*NCED1*
CL25248Contig1	30.39	16.88	18.25	22.65	*GCR2*
CL10844Contig1	13.30	24.77	28.65	29.44	*ZEP*，*ABA1*
脱落酸代谢					
CL25777Contig1	0.32	5.24	15.31	26.02	*CYP707A4*
脱落酸信号转导					
CL14570Contig1	8.21	67.02	44.55	75.13	*PYL6*
CL48566Contig1	0.72	4.18	5.97	10.65	*PYL4*
CL6201Contig1	0.60	2.34	2.60	1.15	*PP2C30*
CL15421Contig1	16.44	8.84	8.14	7.25	*SAPK6*
CL30258Contig1	53.47	28.09	24.31	28.35	*SAPK3*
CL1666Contig1	0.84	4.31	2.83	2.86	*SAPK7*
CL1666Contig2	1.05	5.22	3.93	4.53	*SAPK7*
CL25162Contig1	2.33	8.65	9.31	3.89	*BZIP12*
细胞分裂素生物合成					
CL22372Contig1	29.06	6.89	5.95	4.33	*LOG7*
CL52003Contig1	0.20	1.24	2.51	3.86	*LOG8*
CL3699Contig1	36.73	22.74	23.03	18.77	*STM*
细胞分裂素信号转导					
CL49149Contig1	8.22	24.35	26.66	15.21	*HK3*
CL698Contig3	7.99	19.43	19.51	18.93	*HK3*
CL51027Contig1	1.75	0.05	0.54	1.02	*AHP*
CL127Contig1	19.41	10.44	10.18	10.54	*RR22*
CL14317Contig1	8.56	6.06	5.64	4.33	*RR23*
CL2571Contig1	1.03	4.58	5.64	5.78	*RR26*

续表

基因编号	SA	PB	PC	PD	基因名称
CL27795Contig1	1.42	2.89	2.51	6.48	*ARR9*
CL6003Contig1	0.79	1.25	1.49	3.42	*ARR6*
CL10283Contig1	4.65	6.02	8.08	14.76	*RR9*
CL18555Contig1	1.09	1.64	1.78	5.88	*RR9*
CL17032Contig1	8.88	8.22	8.94	15.01	*RR10*
CL32968Contig1	25.01	20.82	24.93	38.33	*RR10*
CL11587Contig1	3.92	2.56	2.89	8.75	*RR10*
		赤霉素生物合成			
CL22681Contig1	17.08	9.50	6.07	5.69	*GA2OX6*
CL25233Contig1	20.05	5.24	4.60	4.26	*KAO2*
CL5828Contig1	1.63	0.20	0.13	0.22	*CPS1*
		赤霉素代谢			
CL4535Contig1	0.17	5.85	0.42	5.24	*GA2OX1*
CL1514Contig1	2.18	10.64	10.10	7.99	*GA2OX1*
comp13824_c0_seq1_3	1.19	12.36	11.70	3.92	*GA2OX1*

　　*YUCCA*基因家族成员能够催化生长素合成途径中色氨转变为N-羟基色胺。本研究中，无距虾脊兰*YUCCA8*基因在吸胀的种子中高表达，在后面三个阶段保持较低的表达值。*RVEL1*为昼夜节律调控转录因子，能够正调控*YUCCA8*的表达。我们发现*RVEL*与*YUCCA8*基因具有相似的表达趋势，同样在SA阶段高表达，在后三个阶段低表达且无显著的表达值变化。在SA阶段中，*RVEL1*的表达量高于*YUCCA8*。*SRS5*、*TSA1*和*WAT1*同样为生长素生物合成过程中的重要基因，相反的是这三者在SA阶段中表达量最低。*TSA1*表达量持续上升，且在萌发形成原球茎阶段存在大幅增加的现象。*WAT1*通过促进吲哚代谢和转运参与生长素生物合成，其表达值的变化与*TSA1*相似，在后三个阶段无显著的趋势变化。我们筛选到4个可能编码生长素代谢基因*DAO*的转录本，*DAO*具有促进生长素代谢的作用，它通过催化吲哚-3-乙酸的不可逆氧化形成生物失活的2-氧化吲哚-3-乙酸发挥功能。本研究中的4个*DAO*基因表达水平持续降低，同样在SA阶段到PB阶段之间表达量显著降低。SCFTIR1-auxin-Aux/IAA复合体为生长素信号转导途径中重要的信号通路。*AUX1*为*LAX*家族基因，具有将根尖或茎尖内生长素转运到相反方向的作用。在前三个发育阶段中，*AUX1*表达量呈梯度增加。生长素响应基因*LAA3*和*LAA25*是*AUX/IAA*基因家族成员，为拟南芥的同源基因，同样在前三个阶段中表达量不断增加。*GH3*和*SAUR*也为生长素响应基因，前者可被高生长素浓度抑制。

　　我们筛选到6个与脱落酸生物合成有关的差异基因（表6-5）。*ZEP*（zeaxanthin

epoxidase）催化紫黄质的生物合成，紫黄质为类胡萝卜素途径中脱落酸生物合成的关键中间体。9-顺式-环氧类胡萝卜素加双氧酶（NCED）为脱落酸生物合成过程的关键酶，可氧化裂解紫黄质形成黄质醛。本研究中获得的*NCED1*基因在种子萌发后表达量增加，在球形原球茎和指状原球茎阶段维持较高的表达水平，而在幼苗初步形成时降低。相比于吸胀的种子阶段，*ZEP*表达水平在球形原球茎阶段显著增加，在后两个阶段中无显著的变化，说明*ZEP*主要作用于种子萌发和原球茎形成过程。脱落酸合成相关基因*MH4*、*XERICO*、*GCR2*具有相似的表达趋势，都在吸胀的种子阶段高表达。*GCR2*可以结合到脱落酸上并激活脱落酸的表达，而*XERICO*的表达上调可以诱导脱落酸的积累。*CYP707A*家族为脱落酸代谢过程的重要蛋白，*CYP707A*催化的脱落酸8'-羟基化途径是高等植物内源脱落酸代谢的主要途径。我们只发现*CYP707A4*在本研究中差异表达，且表达水平呈现出持续下降的趋势。在涉及脱落酸信号转导的差异基因中，脱落酸受体PYR/PYL/RCAR、蛋白磷酸酶2（PP2C）和蛋白激酶2（SNRK2）为脱落酸信号转导的主要组成成分。脱落酸含量较高情况下，脱落酸促进PYR/PYLs/RCARs对磷酸酶 PP2Cs的抑制作用，PP2C能够抑制下游激酶SNRK2，SNRK2的磷酸化正调控脱落酸响应基因的表达。在低水平或无脱落酸状况下，PP2C负调控脱落酸信号，通过去磷酸化下游激酶以抑制其激酶活性发挥作用。与吸胀的种子阶段相比，PP2C和PYL6在原球茎形成时表达量显著上调。此外，蛋白激酶SAPK3、SAPK6和SAPK7的表达水平主要在SA阶段到PB阶段存在显著差异，这同样暗示了其在种子转变为原球茎中发挥作用。

与细胞分裂素和赤霉素有关的基因见表6-5。与细胞分裂素生物合成有关的基因*STM*在吸胀的种子表达量最高，在球形原球茎阶段下降，并在幼苗形成时继续下降，PB阶段和PC阶段无显著表达量变化。本研究中的细胞分裂素信号转导主要由ARR-A和ARR-B转录因子家族组成，我们共筛选到10个*ARR-A*和*ARR-B*家族成员，*ARR-A*家族基因在原球茎形成时表达水平显著增加，而*ARR-B*家族在指状原球茎发育出根时表达值显著增加。其他参与细胞分裂素信号转导途径的基因还包括细胞分裂素受体*HK3*，同样在PB阶段表达值显著增加。

在赤霉素代谢途径中，属于*GA2ox*家族的*GA2ox1*调控具有生物活性的赤霉素和其前体的降解和失活，与SA阶段相比，无距虾脊兰的3个*GA2ox1*在PB阶段中表达水平上升，在PB阶段和PC阶段无显著变化，但在最后一个阶段表达量降低。*GA2ox1*在吸胀活化的种子中低表达可能会导致生物活性赤霉素的积累并因此作用于种子萌发。相反，另一成员*GA2ox6*在PB阶段与*GA2ox1*具有相反的表达趋势，暗示其可能与原球茎的形成和发育有关。

6.3.5　SSR 分析和 CDS 序列预测

利用MISA软件对拼接组装获得的73528条Unigenes进行查找，查找标准为单核苷酸重复单元次数为大于等于10次，二核苷酸重复单元次数大于等于6次，三到六核苷酸重复单元次数大于等于5次，共筛选到24308个SSR位点，分布在18636条Unigenes中，约占总Unigenes的25.35%，其中SSR位点数目大于等于2个的Unigenes有4325条。单碱基重复类型到六碱基重复类型数目呈递减趋势，五碱基重复类型和六碱基重复类型数目仅为12条和6条。因此，单碱基重复（14939条，61.46%）和二碱基重复（5725条，23.55%）为无距虾脊兰SSR重复的主要类型，从重复类型来看，含有重复10次SSR位点的Unigenes数目最多，为8141条，占总SSR位点的33.49%，从重复12次SSR位点开始，含有重复次数越多的SSR位点的Unigenes数目越少。在筛选到的所有SSR位点中，A/T、AG/CT和AT/AT这三个重复单元出现的频率较高。基于转录组测序对无距虾脊兰SSR位点的进行筛选和分析，为其遗传图谱的建立和分子标记的开发建立了良好的基础。

本研究共预测出44979条CDS序列。其中，通过数据库比对预测出35491条CDS序列，数据库比对不上的利用软件ESTcan预测出9488条CDS序列。数据库比对获得的CDS序列中，序列长度在301~400个氨基酸（aa）的CDS数目最多，为3909条，占CDS总数的8.7%。其次为201~300aa。从301~400aa开始，CDS序列长度越长，数量越少（图6-16）。

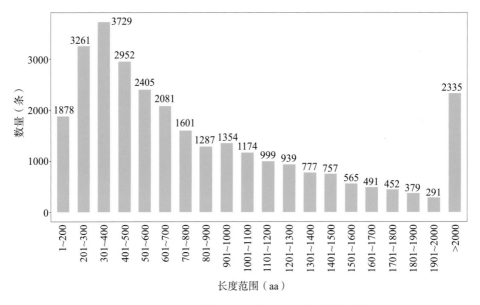

图 6-16　无距虾脊兰 blast 预测 CDS 序列长度分布

6.3.6 实时荧光定量 PCR 验证

实时荧光定量PCR（qRT-PCR）方法用于检验无距虾脊兰转录组测序结果中基因表达变化的可靠性。本研究中随机选取了12个基因进行qRT-PCR。检测的基因包括硫氧还蛋白类蛋白（CDSP32）、2-酮戊二酸的双加氧酶（DAO）、叶绿素a结合蛋白（CAB37）、豌豆球蛋白类抗菌肽（AMP2-2）、过氧化氢同工酶1（CAT1）、质体蓝素A（PETE）、甘油醛-3-磷酸脱氢酶（GAPA2）、S-腺苷甲硫氨酸合酶（SAMS）、色氨酸合酶α链（TSA1）、同源域亮氨酸拉链（ATHB40）、WUS同源盒转录因子（WOX6）、羟化肉桂酰酰基转移酶（HCT2）。内参基因为Actin基因（表6-6）。这些基因的RNA-Seq结果与荧光定量分析结果见图6-17。除ATHB40基因在RNA-Seq和qRT-PCR中的表达趋势存在稍许差异外，其他基因qRT-PCR获得的相对表达水平变化趋势与转录组测序获得的表达谱变化情况基本一致。

表 6-6 无距虾脊兰 qRT-PCR 验证的引物序列

基因名	上游引物（3'~5'）	下游引物（3'~5'）
CDSP32	GGTCTACCCTACCGTCATCAAGC	GATCCCACATACCTCCCACAAAT
DAO	GCCAACTAAATCCTCACCGAA	ACCAACAAAGCCCAAACTCTC
CAB37	GATTACCTCGGCAACCCCAA	CATAGCCAGACGCCCATTTT
AMP2-2	GCAGGAAAGCAGCAGGAAC	TGAGTCGGCACGATAAACG
CAT1	TTCCTGTGCTGATTTCCTTCGG	GTGGGACTTTGGGTTTGGTTTG
PETE	GCTCGCCTTTGTCCCTAA	GAAGCATCCACACCCGTT
GAPA2	CTCTGCTCTGCCTTTCTCCA	CGCTTCCACCACTCCCTTAT
SAMS	CGTCCTCATCTCCACCCA	TACGCACCGCTCCTATCG
TSA1	TGCCGCACCAACTACTTCA	ATCACACCATTTGCTCCCC
ATHB40	ACTCCCAAATGCCCCAA	GCCGCTTCTTTCCCTCA
WOX6	ACGCCCAAACCAGAACA	CATTGAAGCCGCATCCA
HCT2	CCCACCCAACTCTCCAAACTT	TACTCCTTGTCCATCCGCACT
ACT7	GGCTGTGCTTTCCCTTTATG	TGCTCTTCGCCGTCTCG

6.3.7 转录组数据的综合分析

原球茎是无距虾脊兰繁殖过程中的重要结构，本研究利用其原球茎形成前后共四个时期的样本进行转录组测序，各样本Q30分布于92.27%~95.73%，有效数据量分布在6.01~7.11G之间，对原始序列进行处理后，通过拼接、组装共获得73528条Unigene，总长度为83460073bp，平均长度为1135bp。Unigene数目

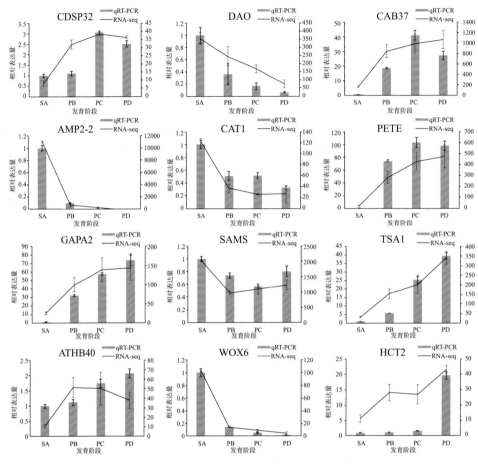

图 6-17　无距虾脊兰转录组测序基因表达水平的 qRT-PCR 验证

与对金线莲种子原球茎和类原球茎测序获得的173781条数目相当，但Q30值高于其最高值89.26%（Liu et al.，2015）。综上可知，本研究测序数据质量较好，测序深度基本满足后续分析。

在样本比较筛选差异基因结果中，PB VS SA中差异基因数目最多，且表达上调基因数目大于表达下调基因，这表明大量基因被激活用于种子萌发过程。GO富集和功能注释结果显示PB VS SA的差异基因显著富集在光合作用中。K-means聚类分析结果也显示与光合作用有关的差异基因在球形原球茎阶段表达量大幅增加，在指状原球茎阶段和根的分化阶段小幅度上升。原球茎中的叶绿体吸收光能转变为稳定的化学能储存在糖类化合物中为原球茎的生长发育提供能量。其中的糖类化合物储存形式为淀粉粒，GO富集中，叶绿体淀粉粒相关基因在PB VS SA中显著富集，在3个相邻比较组的差异基因KEGG分析中都显著富集有淀粉粒和蔗糖代谢途径。原球茎形成初期在其薄壁组织细胞中发现大量淀粉粒，随着原球茎的发育，光学显微镜下可见的淀粉粒逐渐减少，集中分布在原球茎的基部。原球茎发育首先发生的是形态学上端叶原基的发育和分化，我们推测球形原球茎阶段是原球茎中淀粉粒大量产生的重要时期。淀粉粒分解为无距虾脊兰器官的发育提供碳水化合物来源。此外，K-means聚类分析中，聚类1中的差异基因显著富集的GO条目最多，其中富集到一些与脂类合成和代谢有关的条目，脂类为种子中含有的营养物质，脂类分解的产物可以直接进入呼吸作用为植物发育提供能量。在吸胀的种子阶段显著高表达的PET1和PDA1分别参与脂肪酸的分解和代谢和三酰甘油的生物合成过程。与呼吸作用有关的差异基因也被发现在吸胀的种子阶段显著高表达。另外，聚类3中的差异基因主要与蛋白质运输和信号转导有关。聚类1和聚类3都在第一个阶段呈现出较高的表达丰度。因此，脂类、淀粉和蛋白质的分解和代谢为无距虾脊兰种子成功萌发提供必不可少的能量来源。此外，我们发现与超长链脂肪酸合成有关的关键酶*ECR*及基因*PECT1*在种子中显著高表达，超长链脂肪酸为植物表皮角质蜡质的生物合成前体。*CER2*直接参与表皮角质蜡质的生物合成。这3个基因在吸胀的种子阶段显著高表达，可能会导致角质蜡质在种皮中的积累。角质蜡质在一定程度上限制兰花种子的透水性，影响种子萌发。至于无距虾脊兰种子中存在角质蜡质是否是造成其萌发率较低的原因有待进一步研究证明。

植物内源激素的调控在维持植物正常协调的生长发育中起到至关重要的作用，细胞内激素的含量受到合成、代谢、信号转导和转运过程的综合调控。生长素主要发挥调控细胞伸长和分裂及促进和维持分生组织建立的作用。生长素的局部浓度在植物发育中具有重要作用。生长素合成途径包括依赖色氨酸和非依赖色氨酸两种体内合成途径。无距虾脊兰生长素合成相关基因*YUCCA8*整体表达水平偏低，在种胚中表达水平稍高于后三个阶段，后三个阶段表达水平无显著变化，在水稻的研究中也发现该基因在种胚中的表达水平高于芽和根中。*YUCCA8*是催化吲哚-3-丙酮酸合成生长素的关键限速酶，拟南芥*YUCCA8*突变体表现出根部发育异常萎缩。调控昼夜节律转录因子*REVE1*缺失导致拟南芥胚根生长抑制，它可通过调控*YUCCA8*的表达促进生长素的合成，这指出了*REVE1*在促进幼苗生长发育中的作用。同*YUCCA8*相似，*REVE1*在无距虾脊兰的吸胀种胚中的表达量稍高于原球茎和幼苗。*YUCCA*家族基因在调控胚形态发生中发挥至关重要的作用。在无距虾脊兰种胚中*YUCCA8*和*REVE1*含量偏高可能与胚形态建成有关。关于*YUCCA8*和*REVE1*在种子萌发中的作用还未见报道。与*YUCCA8*和*REVE1*相反的是，*TSA1*在原球茎和幼苗中表达量远高于吸胀的种子，且整个发育过程不断增加。拟南芥中色氨酸合酶TSA1催化吲哚-3甘油磷酸（IGP）裂解生成IAA，IGP是非依赖色氨酸和依赖色氨酸生长素合成途径的组分之一。*DAO*为催化生长素氧化代谢的关键酶，*DAO*突变体在不同的植物中具有不同的表型，水稻*DAO*突变体无明显的营养生长性状差异，但在花药开裂、花粉育性等生殖性状上存在严重缺陷，*DAO*更倾向于调控水稻繁殖器官中生长素的稳态（Zhao et al., 2013）。拟南芥*DAO*突变体则表现出营养生长性状上的变化，如根毛更长、侧根更密集、子叶更宽大等（Porco et al., 2016）。无距虾脊兰中*DAO*表达水平较高，整体呈逐渐下降的表达趋势，在吸胀的种子阶段具有最高的表达值，这表明相比于在原球茎分化出叶和根的过程中起到的调控作用，*DAO*在种子发育和成熟中发挥更关键的作用。

细胞分裂素是另一调控细胞分裂和伸长的激素。细胞分裂素生物合成相关基因*STM*是胚发生时期茎端分生组织形成和维持的重要基因，它在吸胀种子中表达量稍高于后三个发育阶段，*CUC2*通过*STM*依赖途径促进顶端分生组织的形成，而*AS1*和*AS2*负调控这一途径，*STM*基因表达变化模式与*CUC2*存在明显不同，在表达*STM*的组织中，*CUC2*过表达可能导致子叶不正常发育。因此，在*STM*高表达的无距虾脊兰种胚中，*CUC2*和*AS1*低表达，后三个阶段相反，这表明*CUC2*、*AS1*和*STM*的表达对种胚中分生组织建立及原球茎的分化具有重要作用，且无距虾脊兰种胚吸水活化尚未萌发时就已经建立起分生组织形成和分化的基础，同时也暗示了这三者之间的表达水平保持相对平衡有助于维持种胚和叶片的正常分化和发育。另外，细胞分裂素可借助信号转导系统调控多种生理发育过程。*ARR-A*家族基因为信号系统中的响应调控因子，本研究中*ARR9*、*ARR6*、*RR9*和*RR10*基因在指状原球茎分化出叶和根期间表达水平显著提高，这意味着细胞分裂素*ARR-A*家族基因在促进叶片分化，根原基发育成幼根中存在一定的调控作用。

脱落酸和赤霉素为种子萌发和休眠过程中具有相反调控作用的内源因子，前者抑制萌发，后者促进萌发。赤霉素合成基因*KAO2*和*CPS1*都在吸胀的种子中具有最高的表达水平，而赤霉素2-氧化酶基因*GA2ox1*在SA阶段低表达，它能够调控生物活性赤霉素及其前体物质的失活，这表明无距虾脊兰吸胀的种子阶段具有较高的赤霉素水平以利于种子萌发。脱落酸生物合成途径关键限速酶*NCED1*及ABA生物合成过程中重要底物ZEP在吸水膨胀的种子中表达水平远低于原球茎，这可能导致ABA在原球茎中含量增加。在对鹤顶兰的研究中也发现同样的规律，植物在应对脱水胁迫时，保卫细胞中ABA含量增加，促进气孔关闭，减少呼吸作用导致的水分丧失（Yung et al., 2018）。因此，作为植物感受和应对外界环境信号的关键因子，ABA合成途径的重要基因的增加可能与响应原球茎体内瞬时缺水胁迫密切相关。另外，值得注意的是，在幼根形成时，ABA含量显著降低，有研究表明ABA具有抑制根生长的生理作用，因此最后一个阶段ABA含量的减少有助于幼苗上幼根的发育和生长。

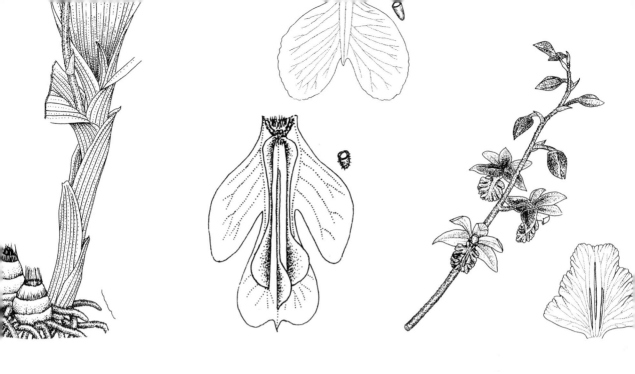

第7章
无距虾脊兰内生真菌多样性

　　内生真菌是一种广泛存在于植物健康组织内，且不会对宿主植物产生危害的一类真菌，大多数植物均能与内生真菌共生。在长期进化的过程中内生真菌与宿主逐渐形成了稳定的生态关系，植物可以识别真菌的侵入并做出反应，并通过内生真菌获取自身生长发育所需矿质元素、水分和植物激素等其他必需物质，内生真菌则从植物身上获取营养物质供其生存，二者互利共生。大多数内生真菌属于子囊菌门（Ascomycota）和担子菌门（Basidiomycota），常见的科有肉座菌科（Hypocreaceae）、座囊菌科（Dothideaceae）、炭角菌科（Xylariaceae）、锤舌菌科（Leotiaceae）、黑粉菌科（Ustilaginaceae）、银耳科（Tremellaceae）、角担菌科（Ceratobasidiaceae）。植物在感染内生真菌后常常会表现为生长周期缩短和抗逆性增强，以此来适应环境。

　　兰科植物在自然状态下无法自主萌发，内生真菌通过向兰科植物传输营养物质，从而促进种子萌发和原球茎的分化。内生真菌对兰科植物的促生作用在生长期也有体现。一些内生真菌在适当的条件下不仅能促进兰科植物种子的萌发和生长发育，还可以有效地抑制病原菌的生长。Wei等（2022）对石斛内生真菌的抗菌活性进行了测试，发现镰孢属在内的8株真菌均对白色念珠菌等其他4种病原真菌有所抑制。Liu等（2022）针对从禾叶贝母兰根部分离到的一种内生真菌对兰科植物幼苗生长和耐旱性的影响做了相关试验。结果表明，该真菌显著提高了石斛幼苗生物量，增强了抗旱相关酶活性和渗透调节物质的积累。由此可见，兰科内生真菌在兰科植物生长发育过程中的作用不可忽视。

　　根际土壤是指附着在植物根系，且各种性质都不同于其他土壤的区域，此处微生物非常丰富，对土壤环境的变化最为敏感，土壤真菌影响植物的同时，自身真菌群落组成也受环境条件的制约，是环境影响植物生长的重要途径（Slabbert et al.，2010）。植物可以通过根系分泌物的形式调控土壤理化性质，加强植物对土壤中营养物质的吸收和对环境的适应性，而植物将光合作用固定的碳通过根系分泌物的形式传递给土壤微生物，为其提供生长所必需的营养元素，二者互惠互利（Borrell et al.，2017）。相应地，作为土壤微生物群落的重要组成部分，根际土壤真菌与植物以及土壤环境之间错综复杂的关系在土壤生态维持以及植物自身生长中起关键作用，因此，了解植物根际土壤真菌对土壤性质变化的响应具有重要的生态意义。

　　一般认为，兰科植物菌根真菌广泛存在于土壤中，且其丰度与距离植株的距离呈反比。例如Oja等（2017）的研究表明，潜在的菌根真菌不仅存在于根系内，也存在于根际土壤中，根际菌根真菌多样性会随着采样点与植株的距离呈负相关，有植株发育的地方，越靠近植株真菌多样性越高。但也有一些研究表明，根系与根际土壤菌根真菌种类差别较大，大部分菌根真菌存在于根内，少部分存在根际土壤中（Esposito et al.，2016）。土壤真菌常见的有被孢霉属（*Mortierella*）、蜡壳耳属（*Sebacina*）、青霉属（*Penicillium*）、木霉属（*Trichoderma*）、镰孢属（*Fusarium*）、瘤菌根菌属（*Epulorhiza*）等。根际土壤真菌是植物微生物的重要组成部分，其真菌群落是周围环境影响植物生长的重要途径，与植物生长发育状态息息相关，Bougoure等（2009）提到可以通过对周围土壤中真菌类群的分析，来推断兰科植物能否长期在此生存，因此研究根际土壤真菌多样性对兰科植物的保育工作具有重要意义。

　　总之，由于研究涉及的植物种类不同、土壤环境不同、生长阶段不同、植物对营养物质的需求不同等问题，相应的试验结果也不完全相同。目前，关于兰科植物与根系内生真菌以及根际土壤真菌、土壤环境与土壤真菌之间的关系仍存在许多待解决的问题，还需更多试验去探究，找出其中的关联。

　　本研究以浙江西天目山野生无距虾脊兰不同生长发育时期根际土壤和根系为试验材料，利用ITS（internal transcribed spacer）测序技术，对不同时期样本的真菌群落进行生物信息学分析，并与同一地区兰科植物扇脉杓兰和银兰进行比较，研究浙江西天目山野生无距虾脊兰不同时期（萌芽期、花期、果期、衰亡期）根际土壤真菌与根系内生真菌群落特征，明确不同生长发育时期、不同分类水平以及不同亲缘关系下无距虾脊兰与内生真菌之间的专一性，在此基础上揭示土壤环境因子对真菌群落组成的影响以及不同亲缘关系下根际土壤真菌与根系内生真菌差异性。以期为无距虾脊兰资源保护和真菌开发提供理论基础。

7.1　无距虾脊兰根系内生真菌多样性分析

　　人们在系统发生学或者群体遗传学研究中为了对数据方便分析，把属、种、分组等某一分类单元设置的统一标志称为OTU（operational taxonomic units），通过对样本序列进行聚类（cluster），按照相似性分为多个小组便可以清楚地了解到样本的菌种等数目信息，其中一个小组就是一个OTU。在日常分析当中可以根据需要自由选择不同的相似度水平，不进行修改通常会默认选择97%相似水平对OTU进行生物信息统计分析。

　　采用USEARCH11-uparse算法，基于≥97%的相似度水平，对无距虾脊兰四个时期根系样品的测序结果聚类分析，发现12个样本共获得6960个OTU，157693条优化序列，隶属于14门59纲148目336科730属。其中，萌芽期根系内生真菌获得31987条优化序列，1670个OTU，花期共获得51913条优化序列，2711个OTU，果期获得43793条优化序列，3834个OTU，衰亡期获得30000条优化序列，532个OTU。果期OTU数量最多，远高于衰亡期，花期和果期根系内生真菌的有效序列与萌芽期和衰亡期根系内生真菌的有效序列存在显著差异，除此之外二者之间也存在显著差异，但萌芽期和衰亡期根系内生真菌有效序列无显著差异。

　　无距虾脊兰萌芽期根系测序共获得31987条优化序列。由图7-1可知，在门水平上担子菌门和被孢霉门（Mortierellomycota）占比较大，属于萌芽期根系内生真菌优势门，在属水平上，被孢霉属和红菇属（*Russula*）真菌序列占比相差无几，共同作为该时期优势内生真菌。花期根系测序共获得51913条优化序列。其中，担子菌门为最大优势菌门，在属水平上，粗糙孔菌属（*Trechispora*）为该时期优势内生真菌。相较于萌芽期，该时期真菌类群中担子菌门和子囊菌门相对丰度分别增加为萌芽期的1.33倍和1.97倍，被孢霉门、被孢霉属和红菇属的相对丰度呈现出下降趋势，分别减少了67.82%、67.39%和75.70%。

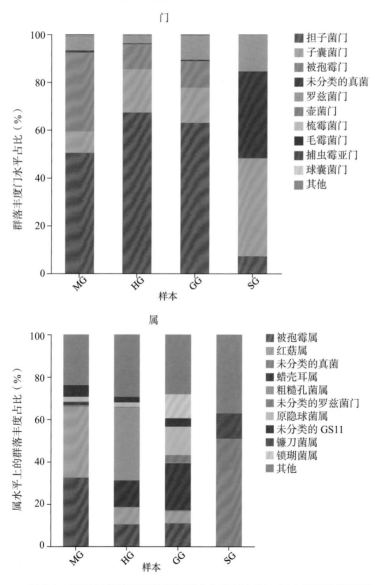

图 7-1　无距虾脊兰不同时期根系内生真菌在门、属水平下的群落组成

MG. 萌芽期根系；HG. 花期根系；GG. 果期根系；SG. 衰亡期根系

果期根系测序共获得43793条优化序列。其中担子菌门真菌在数量上占绝对优势，在属水平上，蜡壳耳属为该时期优势内生真菌。相较于花期，担子菌门、子囊菌门、被孢霉门和红菇属相对丰度无太大变化，但原隐球菌属（*Saitozyma*）、锁瑚菌属（*Clavulina*）相对丰度有所增加，由原来占比不足3%增长到现在的13.09%和10.29%，蜡壳耳属增加了67.30%。衰亡期根系测序共获得30000条优化序列。该时期，子囊菌门属于优势门，镰孢属为优势内生真菌，相较于其他三个时期，衰亡期根系内生真菌多样性整体出现骤降的现象。

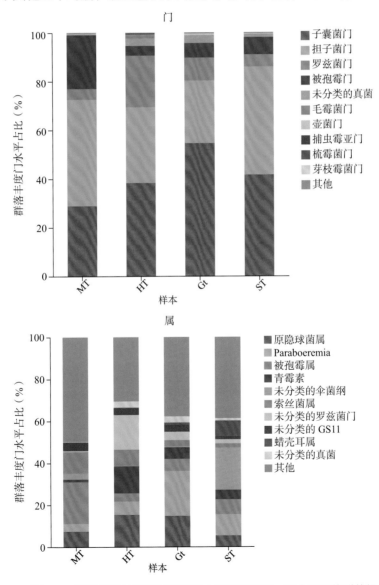

图 7-2 无距虾脊兰不同时期根际土壤真菌在门、属水平下的群落组成

MT. 萌芽期根际土壤；HT. 花期根际土壤；Gt. 果期根际土壤；ST. 衰亡期根际土壤

7.2 无距虾脊兰根际土壤真菌多样性分析

采用USEARCH11-uparse算法，基于≥97%的相似度水平，对无距虾脊兰四个时期根际土壤样品的测序结果聚类分析，完成12个样本的多样性数据分析，共获得优化序列149595条，12237个OTU，平均序列长度619bp，隶属于16门66纲168目384科879属。萌芽期根系内生真菌获得31987条优化序列，3295个OTU，花期共获得41062条优化序列，4925个OTU，果期获得47863条优化序列，4469个OTU，衰亡期获得28997条优化序列，3430个OTU，果期OTU数量远高于衰亡期。果期根际土壤真菌序列数量与衰亡期存在显著差异，花期与萌芽期无显著差别。

在萌芽期，无距虾脊兰根际土壤测序共获得31673条优化序列。由图7-1与图7-2对比可得，萌芽期根际土壤与根系在门水平上真菌类群一致，但相对丰度稍有变化；在属水平上，红菇属相对丰度明显下降，占比仅为3.55%，其余真菌相对丰度较小，被孢霉属为该时期根际土壤优势真菌。

在花期，根际土壤测序共获得41062条优化序列。与同时期根系内生真菌相比，担子菌门相对丰度减少，子囊菌门相对丰度增加。在属水平上，二者真菌类群相对丰度明显不同，其中青霉属为该时期根际土壤优势真菌。相较于萌芽期根际土壤真菌，花期子囊菌门和罗兹菌门相对丰度分别增加为萌芽期的1.34倍和4.74倍，担子菌门、被孢霉门真菌相对丰度分别减少了31.93%和67.82%。

在果期，根际土壤测序共获得47863条优化序列 。与根系内生真菌相比，在门水平上，子囊菌门和担子菌门变化最大；在属水平上，*Paraboeremia*仅存在于根际土壤真菌中，且占比较大，为该时期根际土壤优势真菌。相较于花期根际土壤真菌，果期子囊菌门、被孢霉门、*Paraboeremia*和原隐球菌属相对丰度分别增加为花期的1.34倍、1.61倍、4.03倍和1.07倍，担子菌门和罗兹菌门相对丰度分别降低到花期的89.45%和42.21%。

在衰亡期，根际土壤测序共获得28997条优化序列。在门水平上，担子菌门增加为根系内生真菌的5.61倍，根系内生真菌无被孢霉门，而在根际土壤中其真菌序列占7.29%。在属水平上，各真菌相对丰度差别较大，其中*Paraboeremia*为该时期根际土壤优势真菌。相较于果期根际土壤真菌，蜡壳耳属仅存在于衰亡期根际土壤中，担子菌门和被孢霉属真菌相对丰度分别增加为果期的1.53倍和1.31倍，原隐球菌属相对丰度降低到果期的32.32%。

7.3　不同时期真菌群落差异性分析

7.3.1　Alpha 多样性分析

通过对无距虾脊兰根际土壤与根系测序分析，发现不同生长发育时期物种注释结果存在差别较大，具体差异见表7-1。其中萌芽期根际土壤和根系优势真菌分别为被孢霉属和红菇属，花期优势真菌分别为青霉属和粗糙孔菌属；果期优势真菌分别为*Paraboeremia*和蜡壳耳属，衰亡期优势真菌分别为*Paraboeremia*和镰刀菌属（*Fusarium*），不同生长发育时期优势真菌不同。

表 7-1　物种注释结果统计

时　期	优化序列	门	纲	目	科	属
萌芽期	63660	11	41	91	193	359
花　期	92975	13	46	101	217	367
果　期	91656	12	48	108	224	377
衰亡期	58997	8	33	75	162	264

基于OTU水平，计算并统计无距虾脊兰四个时期根际土壤真菌和根系内生真菌的Alpha多样性指数，具体差异见表7-2。通过运用统计学T检验的方法，发现果期根系内生真菌的Ace指数、Chao指数、Shannon指数和Sobs指数最高，其次是花期，然后是萌芽期，衰亡期Alpha指数最低，意味着果期根系内生真菌

表 7-2　Alpha 多样性指数

样　本	Alpha 多样性指数				
	Ace	Chao	Shannon	Sobs	Coverage
MG	1983 ± 26.41c	1379 ± 81.31ab	3.734 ± 0.522b	680 ± 103.5cd	0.9639 ± 0.004a
HG	4078 ± 3043bc	2337 ± 50.46ab	3.724 ± 1.606b	987 ± 423bc	0.968 ± 0.009a
GG	8681 ± 438.5ab	4499 ± 350.5ab	4.221 ± 0.501b	1342 ± 161.4ac	0.926 ± 0.006b
SG	816.8 ± 291.9c	630.1 ± 308.4b	3.298 ± 0.788b	210 ± 31.24d	0.990 ± 0.005a
MT	4642 ± 3043bc	3057 ± 1539a	5.042 ± 0.191a	1243 ± 321.9abc	0.926 ± 0.017b
HT	12860 ± 9858a	7178 ± 4937a	5.423 ± 0.221b	1926 ± 847a	0.891 ± 0.027c
GT	6559 ± 1695abc	4109 ± 825.6ab	4.713 ± 1.078b	1580 ± 398.2ab	0.931 ± 0.017b
ST	5182 ± 641.5abc	3323 ± 465.4ab	4.713 ± 0.684b	1198 ± 229.3abc	0.908 ± 0.014bc

注：表中数据均为平均值 ± 标准差。同列不同字母表示同一指数在不同样本间差异显著（$P < 0.05$）。MG 为萌芽期根系；HG 为花期根系；GG 为果期根系；SG 为衰亡期根系；MT 为萌芽期根际土壤；HT 为花期根际土壤；GT 为果期根际土壤；ST 为衰亡期根际土壤。

多样性和丰富度最高，衰亡期根系内生真菌多样性和丰富度最低。在无距虾脊兰根际土壤真菌中，花期Alpha多样性指数高于其他三个时期，果期Ace指数、Chao指数和Sobs指数高于萌芽期和衰亡期，萌芽期和衰亡期Alpha多样性指数相对一致。综合来讲，花期的根际土壤真菌多样性和丰富度最高，果期次之。

在同一时期中，萌芽期、花期和衰亡期根际土壤真菌的Alpha多样性指数均高于根系内生真菌，说明在该时期根际土壤真菌多样性和丰富度高于根系内生真菌，果期根系内生真菌Ace指数、Chao指数高于根际土壤真菌，但是根际土壤真菌Shannon-Wiener指数和Sobs指数高于根系内生真菌。

7.3.2 Beta 多样性分析

非加权组平均法（unweighted pair-group method with arithmetic mean, UPGMA）是一种常用于解决分类问题的聚类分析方法，通过构建样本层级聚类树，对样本群落距离矩阵进行聚类分析，可以了解不同样本间群落结构的相似和差异性。通过Beta多样性距离矩阵进行层级聚类（hierarchical clustering）分析，使用UPGMA算法构建树状结构，从而呈现不同样本中群落组成的相似或差异程度。

从图7-3可以看出，在属分类水平上相较其他时期，花期根系、根际土壤分别和果期之间枝长较短，距离较近，表明无距虾脊兰这两个时期根际土壤真菌与根系内生真菌物种组成较相似。反观衰亡期，与其他三个时期根系距离最远，意味着该时期与萌芽期、花期和果期根系内生真菌物种组成差异最大。萌芽期根系和根际土与花期、果期根系距离更近，内生真菌物种组成更为相似，衰亡期、花期和果期根际土壤真菌类群更为相似。从整体来看，花期和果期真菌类群更为相似，萌芽期次之，衰亡期与之差异最大，且真菌多样性最低。

PCA分析（principal component analysis，PCA），即主成分分析，可以对数据进行降维分析，找出不同样本数据中最主要的结构并将差异和距离通过二维坐标图呈现出来，用较少的综合指标分别代表存在于各个变量中的各类信息。其中样本组成的相似程度与在PCA图中的距离成正比，物种组成越相似，图中的样本间距离就越近，反之，则越远。

为了进一步明确无距虾脊兰不同时期根际土壤真菌和根系内生真菌群落结构的差异，本试验采用PCA分析其真菌群落的相似性和差异性。PCA结果显示（图7-4），花期、果期与萌芽期、衰亡期有着明显的聚类区分，PC1解释了差异的12.92%，PC2解释了差异的7.73%。其中在PC1轴上花期区分较为明显，PC2轴上果期区分较为明显，萌芽期和衰亡期二者距离近，说明衰亡期和萌芽期根际土壤真菌、根系内生真菌类群相似度高，这进一步说明了，无距虾脊兰根际

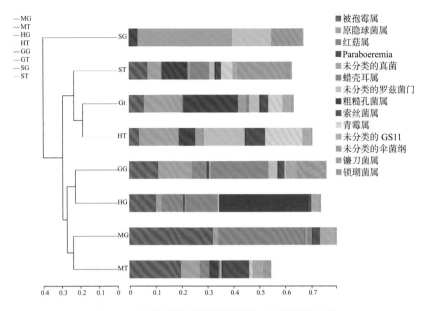

图 7-3　无距虾脊兰不同时期样本层级聚类分析

MG. 萌芽期根系；HG. 花期根系；GG. 果期根系；SG. 衰亡期根系；MT. 萌芽期根际土壤；HT. 花期根际土壤；GT. 果期根际土壤；ST. 衰亡期根际土壤

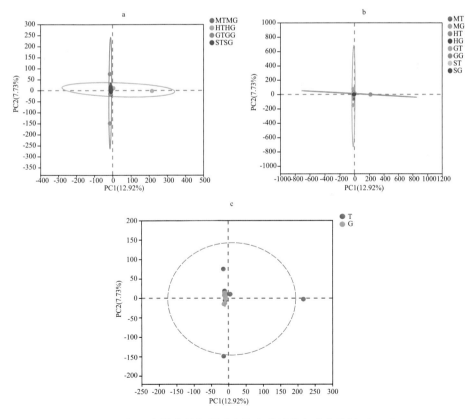

图 7-4　根际土壤真菌与根系内生真菌群落主成分分析（PCA）

a. 不同时期；b. 不同样本；c. 根际土壤与根系

土壤真菌和根系内生真菌群落在整个生长发育时期存在阶段性差异。四个时期根系内生真菌相较于根际土壤真菌，距离较近，意味着根际土壤真菌彼此间真菌类群差异较大，其中花期和果期个别样本之间尤为明显。在每个时期中根际土壤与根系之间彼此分开较远，相较于各自内部样品之间二者真菌类群差别较为明显，其中根系样品之间内生真菌类群差别小于根际土壤。

7.3.3 物种差异比较分析

在$P=0.05$差异水平下通过T检验，在门水平上（图7-5），无距虾脊兰四个时期根际土壤和根系内生真菌在子囊菌门、被孢霉门和未分类真菌间存在显著差异，

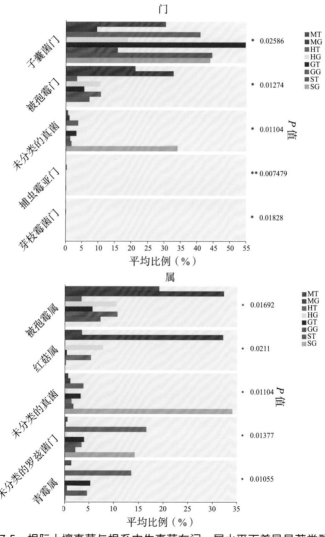

图 7-5 根际土壤真菌与根系内生真菌在门、属水平下差异显著类群

MG. 萌芽期根系；HG. 花期根系；GG. 果期根系；SG. 衰亡期根系；MT. 萌芽期根际土壤；HT. 花期根际土壤；GT. 果期根际土壤；ST. 衰亡期根际土壤

在属水平上（图7-5），存在显著差异的真菌类群有被孢霉属、红菇属、青霉属、弯颈霉属（*Tolypocladium*）、*Cutaneotrichosporon*、亚隔孢壳属（*Didymella*）、假丝酵母菌属（*Candida*）、未分类真菌和未分类的罗兹菌门。由图7-6可得，有虫草菌属（*Cordyceps*）等321个属为四个时期共有真菌，裸盖菇属（*Psilocybe*）等29个属为萌芽期和花期共有真菌，复膜孢酵母属（*Saccharomycopsis*）等43个属为花期和果期共有真菌，黑陷球壳属（*Melanopsamma*）等36个属为果期和衰亡期共有真菌，原海豚霉属（*Stenella*）等23个属为衰亡期和萌芽期共有真菌。

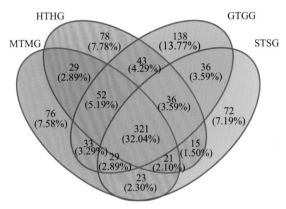

图 7-6　属水平不同时期根际土壤真菌与根系内生真菌分布韦恩（Venn）图

MTMG. 萌芽期根际土壤与根系；HTHG. 花期根际土壤与根系；GTGG. 果期根际土壤与根系；STSG. 衰亡期根际土壤与根系

7.3.4　不同生长发育时期对真菌群落的影响分析

通过对无距虾脊兰四个时期根际土壤和根系测序结果分析可得，无距虾脊兰根际土壤真菌和根系内生真菌优势菌门均为担子菌门和子囊菌门。根际土壤真菌类群与根系内生真菌类群相互重叠存在一定相似性，说明有一部分根系内生真菌来自根际土壤真菌，推测由于根系与根际土壤长期互相接触，彼此真菌类群相互影响，且根系对根际土壤真菌具有一定的选择性等原因造成的；从另一方面来讲，彼此之间也相互独立具有一定差异性，根际土壤真菌群落的丰富度、均匀度以及多样性均高于根系内生真菌，在根际处根系经常与其他根系、土壤微生物间互作，从而导致了根际土壤处真菌多样性高于根内真菌。

在根系内生真菌中，真菌多样性和丰富度从萌芽期到果期依次递增，并在果期达到顶峰，衰亡期又急剧下降；而根际土壤真菌类群变化情况却与之相差较大，从萌芽期到花期逐渐增加，在花期达到顶峰而后逐渐下降，衰亡期与萌芽期真菌多样性和丰富度变化相对平稳。这与吕立新等（2014）观点相吻合，夏季真菌多样性要高于春季和秋季，随着季节变化，温度、土壤含水量等环境因子相继发生变化，真菌种群结构也随之发生变化。Yokoya（2021）在研究兰花时也发现了在雨季分离出的真菌，在旱季不一定出现，而同一类真菌的相对丰度也不尽相同。花期为无距虾脊兰生长初期，此时温度合适，光线充足，周围伴生植物种类增加，土壤和根际土壤真菌丰富度也相应增加，无距虾脊兰果期为每年的7~9月，此时温度高，周围植物种类相较于花期会有所减少，所以果期根际土壤真菌丰富度少于花期，而根系内生真菌出现上述差异情况的原因可能是从萌芽期到果期，无距虾脊兰生长发育需要大量营养物质持续输入，且夏季温度高，需要增加自身抗逆性，因此根系内生真菌种类和丰富度显著增加并在果期达到顶峰。随着冬季的到来，周围植物逐渐进入休眠期，植被凋落物、土壤微生物的分解等都会使土壤有机质增加从而促进微生物的生长，造成衰亡期真菌群落丰富度的降低。

　　研究表明，内生真菌可以促进兰科植物的种子萌发和原球茎分化。李孟凯等（2020）用镰孢属菌液处理过的铁皮石斛种子胚膨大明显种子，种皮有被假根冲破的迹象。内生真菌对兰科植物的促生作用在生长期也有体现，例如接种了内生真菌的铁皮石斛，其鲜重、移栽成活率相比对照组均有所增加（王亚妮，2013）。此外，张霞（2011）发现接种内生真菌的铁皮石斛，其抗旱性明显增加。由此可见，兰科内生真菌在兰科植物生长发育过程中的作用不可忽视。本研究结果显示，无距虾脊兰不同时期优势真菌及相对丰度不同，推测可能与兰科植物在生长发育过程中会选择当下对自己生长益处最大的真菌共生有关。有研究表明，大黄花虾脊兰在碳的需求方面，果期需求是花期的2倍（黄敏 等，2022），而花期的优势真菌不能满足果期对生长素等方面的需求，所以不同时期优势真菌的相对丰度会随之发生变化，也进一步证实了内生真菌极易受周围环境和生长阶段影响。

　　镰孢属和青霉属是兰科植物中常见的内生真菌，在适当的条件下不仅能促进兰科植物种子的萌发和生长发育，还可以有效地抑制病原菌的生长。这两种真菌类群在花期和衰亡期中属于优势真菌，由此我们可以推测，镰孢属和青霉属在无距虾脊兰中同样可以促进其生长，并提高其抗病性。庄鑫等（2023）在不同地点朝鲜淫羊藿生长时期内生真菌分析中提到蜡壳耳属真菌与淫羊藿中黄酮类化学成分含量成正比。此外，蜡壳耳属中*Sebacina vermifera*菌株经试验证明了可以促进植物对磷元素的吸收，促进植物生长，同时增强植株抗灰霉病的能力。被孢霉属真菌被证实在生物分解以及土壤养分转化的过程中发挥重要作用（宁琪 等，2022）；红菇属曾被认定为菌根真菌，并与多种兰科植物存在共生关系（Selosse et al.，2002）。上述几类真菌均为无距虾脊兰不同时期优势真菌，但是这几类优势真菌是否作为无距虾脊兰菌根真菌与其存在共生关系，或者作为内生真菌在其生长发育过程中是否起促进作用，还需采用石蜡切片观察是否在根细胞中形成菌丝结，并结合共生培养视植株的生长状况而定。然而，另外一些公认的菌根真菌，比如胶膜菌科（Tulasnellaceae）在本次试验中尚未见到，可能与DNA测序区域有关，在后续试验进行高通量测序时可以采取不同的引物。除此之外，可能与植物种类有关，有些真菌广泛存在于多种植物体内，而有些真菌却只与某种特定植物产生共生关系，菌根真菌与兰科植物之间的专一性目前来说比较复杂，还待进一步研究。

7.4　3种兰科植物真菌多样性分析

由于当前人们对野生植物资源的过度采挖，导致无距虾脊兰数量急剧减少，经调查发现无距虾脊兰与处在同一地区的兰科植物扇脉杓兰和银兰在植株数量上存在较大差异。银兰（*Cephalanthera erecta*），兰科头蕊兰属，常分布在山地林下阴湿处。材料采自西天目山海拔约为483m的山体陡坡处。扇脉杓兰（*Cypripedium japonicum*），兰科杓兰属，材料采自海拔约为1120m土壤湿润、腐殖质丰富的荫蔽山坡处。为明确这种差异性的原因，对3种植物根际土壤与根系进行高通量测序，分析其真菌多样性与差异性。

7.4.1　生物信息学分析

7.4.1.1　OTU聚类分析

基于≥97%的相似度水平，对银兰根际土壤与根系样品的测序结果聚类分析，共获得4005个OTU，62982条优化序列，隶属于14门42纲97目193科333属。其中，银兰根际土壤真菌获得30891条优化序列，2293个OTU；根系内生真菌获得30291条优化序列，2274个OTU。对扇脉杓兰根际土壤与根系样品测序结果分析共获得55381条优化序列，5649个OTU，扇脉杓兰根际土壤获得24064条优化序列，2496个OTU，隶属于14门50纲119目276科543属。其中，根系内生真菌获得31317条优化序列，3915个OTU。银兰根际土壤真菌与根系内生真菌数量无太大差别，扇脉杓兰根系内生真菌与根际土壤真菌存在显著差异，根系内生真菌的数量要远多于根际土壤真菌。

7.4.1.2　物种组成分析

基于扇脉杓兰根际土壤与根系真菌分类学结果，利用R语言工具作图可以直观观察到各个样本在门、纲、目、科、属、种等不同分类水平上的物种组成情况，得出各分类水平上优势物种及其相对丰度。

由图7-7可以看出，无距虾脊兰、扇脉杓兰和银兰根际土壤真菌类群基本一致，但在不同分类水平上相对丰度存在显著差异。在门分类水平上，相较于无距虾脊兰和银兰，子囊菌门在扇脉杓兰根际土壤真菌中占比最大，其真菌序列分别是无距虾脊兰和银兰的1.56倍和11.37倍。罗兹菌门真菌序列在银兰根际土壤中占比最大，分别是无距虾脊兰和扇脉杓兰的7.69倍和15.77倍。三者相较而言，无距虾脊兰根际土壤中担子菌门和被孢霉门数量最多，扇脉杓兰次之，银兰最少。

在属分类水平上（图7-7），无距虾脊兰根际土壤优势真菌为原隐球菌属和*Paraboeremia*，扇脉杓兰为拟青霉属（*Paecilomyces*），银兰为未分类的罗兹菌门

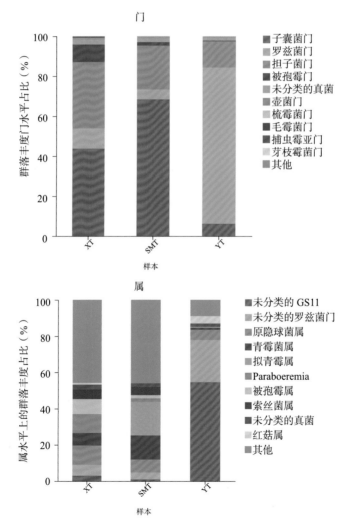

图 7-7　3种植物根际土壤真菌在门、属水平上的群落组成
XT. 无距虾脊兰根际土壤；SMT. 扇脉杓兰根际土壤；YT. 银兰根际土壤

和原隐球菌属。在真菌相对丰度前十位真菌中，扇脉杓兰根际土壤真菌中无红菇属，而银兰占比最大；拟青霉属为扇脉杓兰优势真菌，而在银兰中该属真菌序列占比为0，无距虾脊兰中虽有红菇属和拟青霉属，但占比较少。原隐球菌属在扇脉杓兰和银兰根际土壤中虽不属于优势真菌，但其真菌序列在同分类水平真菌占比中属中等水平。相较于无距虾脊兰和扇脉杓兰根际土壤真菌，银兰根际土壤真菌多样性明显下降，由此可见三者根际土壤真菌相对丰度存在显著差异。

　　由图7-8得知，无距虾脊兰、扇脉杓兰根系内生真菌占比最大的3个门均为担子菌门、子囊菌门和被孢霉门，但各自占比存在差异，银兰根系内生真菌中除担子菌门和子囊菌门之外还有罗兹菌门，占比仅次于担子菌门。在门分类水平上，

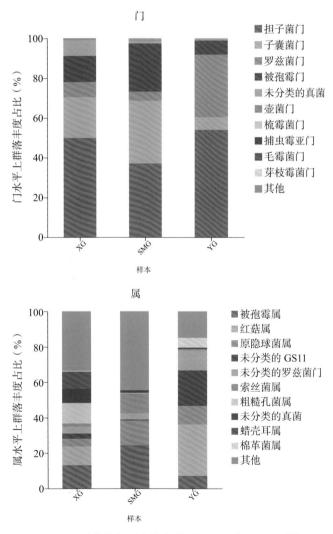

图 7-8　3种植物根系内生真菌在门、属水平上的群落组成

XG. 无距虾脊兰根系；SMG. 扇脉杓兰根系；YG. 银兰根系

优势门均为担子菌门，其中扇脉杓兰根系内生真菌中担子菌门数量最少，无距虾脊兰与银兰根系内生真菌中担子菌门相对丰度相差无几，分别是扇脉杓兰的1.37倍和1.48倍。扇脉杓兰根系内生真菌中子囊菌门和被孢霉门数量高于无距虾脊兰和银兰，银兰罗兹菌门数量高于无距虾脊兰和扇脉杓兰。与同种物种根际土壤真菌相比，扇脉杓兰被孢霉门和担子菌门真菌相对丰度有所增加，子囊菌门相对丰度减少；银兰子囊菌门相对丰度没有变化，担子菌门相对丰度有所增加，罗兹菌门和被孢霉门相对丰度有所下降；无距虾脊兰根系内生真菌中担子菌门和被孢霉门数量多于根际土壤，子囊菌门和罗兹菌门数量少于根际土壤。

在属水平上（图7-8），无距虾脊兰根系优势内生真菌为被孢霉属，粗糙孔菌属、红菇属和蜡壳耳属紧随其后，三者数量相差无几；扇脉杓兰根系优势内生真菌为被孢霉属，银兰根系优势内生真菌为红菇属。原隐球菌属在扇脉杓兰与银兰中数量相似，相较而言，无距虾脊兰中占比较少。红菇属在银兰中数量最多，无距虾脊兰次之，扇脉杓兰中数量极少，但其被孢霉属数量分别是无距虾脊兰和银兰的1.86倍和3.44倍。无距虾脊兰根系内生真菌中蜡壳耳属和粗糙孔菌属数量与后两者存在显著差异。相较于根际土壤真菌，扇脉杓兰根系中原隐球菌属、索丝菌属和被孢霉属真菌相对丰度增加，青霉属真菌相对丰度下降；银兰根系中原隐球菌属无太大变化，红菇属、被孢霉属真菌相对丰度有所增加，未分类的GS11和未分类的罗兹菌门真菌数量有所减少，综合来讲其内生真菌多样性有所增加；无距虾脊兰根系内生真菌中蜡壳耳属、红菇属和粗糙孔菌属数量显著增加，被孢霉属整体上呈现增加现象但相较蜡壳耳属等而言，变化稍显平缓，原隐球菌属、青霉属、索丝菌属和*Paraboeremia*数量下降。

7.4.1.3 物种韦恩（Veen）图组成分析

由图7-9可以看出，无距虾脊兰、扇脉杓兰和银兰在门分类水平上，三者共同拥有担子菌门、子囊菌门等13门真菌，扇脉杓兰和无距虾脊兰二者共有真菌除了三者共有的真菌之外还有新丽鞭毛菌门（Neocallimastigomycota），银兰与扇脉杓兰以及银兰与无距虾脊兰之间在门分类水平上除了13门共同真菌之外无共同真菌。其中，硅粪霉门（Basidiobolomycota）和油壶菌门（Olpidiomycota）为无距虾脊兰特有真菌种类，Calcarisporiellomycota为银兰在门分类水平上特有真菌。

在属分类水平上，粗糙孔菌属等217个属为无距虾脊兰、扇脉杓兰和银兰共有真菌。无距虾脊兰特有真菌属最多，有香蘑属（*Lepista*）等465个属，扇脉杓兰特有真菌有*Parathyridaria*等79个，银兰特有真菌有黄杯菌属（*Calycellina*）等20个。无距虾脊兰真菌丰富度高于银兰和扇脉杓兰。

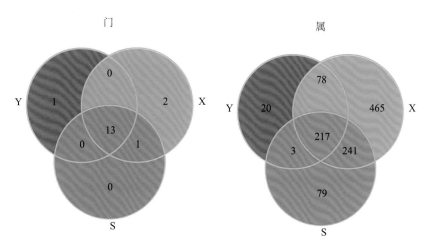

图 7-9　3种植物根际土壤真菌与根系内生真菌在门、属水平上韦恩（Venn）图
X. 无距虾脊兰；S. 扇脉杓兰；Y. 银兰

7.4.2　统计学分析

7.4.2.1　Alpha多样性分析

　　基于OTU水平，计算无距虾脊兰、扇脉杓兰和银兰根际土壤真菌和根系内生真菌的Alpha多样性指数，通过运用统计学T检验的方法，由表7-3可得扇脉杓兰根系内生真菌的Ace指数、Chao指数、Shannon-Wiener指数和Sobs指数最高，意味着扇脉杓兰根系内生真菌多样性最高。

表 7-3　3种植物 Alpha 多样性指数

样　本	Alpha 多样性指数				
	Ace	Chao	Shannon-Wiener	Sobs	Coverage
XG	3890 ± 3241 b	2211 ± 1531 b	3.74 ± 0.89 a	805 ± 478 b	0.96 ± 0.02 a
XT	7311 ± 5629 b	4417 ± 2822 b	4.97 ± 0.64 a	1487 ± 531 ab	0.91 ± 0.02 abc
SMG	18079 ± 3733 a	9042 ± 731 a	5.19 ± 0.02 a	2085 ± 139 a	0.88 ± 0.01 c
SMT	7273 ± 5738 b	4242 ± 2304 b	4.87 ± 1.04 a	1352 ± 422 ab	0.91 ± 0.07 bc
YG	12456 ± 1391 ab	3057 ± 1539 ab	4.49 ± 0.09 a	1355 ± 42 ab	0.93 ± 0.01 abc
YT	5751 ± 1151 b	3642 ± 351 b	4.36 ± 0.92 a	1376 ± 95 ab	0.94 ± 0.00 ab

　　注：表中数据均为平均值 ± 标准差。XG 为无距虾脊兰根系；XT 为无距虾脊兰根际土壤；SMG 为扇脉杓兰根系；SMT 为扇脉杓兰根际土壤；YG 为银兰根系；YT 为银兰根际土壤。

　　在Ace指数和Chao指数中，扇脉杓兰根系样品真菌物种丰富度与无距虾脊兰根际土壤、无距虾脊兰根系、扇脉杓兰根际土壤以及银兰根际土壤真菌物种丰富度存在显著差异，银兰根系真菌物种丰富度与其余样本之间无显著差异。

6组样本在Shannon-Wiener指数中，并无显著差别，说明无距虾脊兰、扇脉杓兰和银兰真菌群落均匀度较为相似。在丰富度实际观测值Sobs指数中，只有扇脉杓兰根系样本真菌群落丰富度与无距虾脊兰根系真菌群落丰富度存在显著差别，其余4组样本在丰富度实际观测值中未表现出显著差别。然而，在Good's物种覆盖度中无距虾脊兰根系真菌群落覆盖度最高，扇脉杓兰根系真菌群落覆盖度最低。其中，银兰根际土壤度和无距虾脊兰根际土壤真菌覆盖与其余4组样本真菌覆盖区无显著差别，扇脉杓兰根际土壤真菌群落覆盖度和其根系无显著差别，但与无距虾脊兰和银兰根际土壤真菌群落覆盖度存在显著差别。在同一种植物中，扇脉杓兰和银兰都表现为根际土壤真菌群落多样性低于根系，而无距虾脊兰则恰恰相反，无距虾脊兰根系真菌群落多样性低于根际土壤。

7.4.2.2　Beta多样性分析

为了明确无距虾脊兰、扇脉杓兰和银兰真菌群落结果差异性，利用R语言（version 3.3.1）PCA统计分析和作图。图7-10结果显示，在属分类水平上，扇

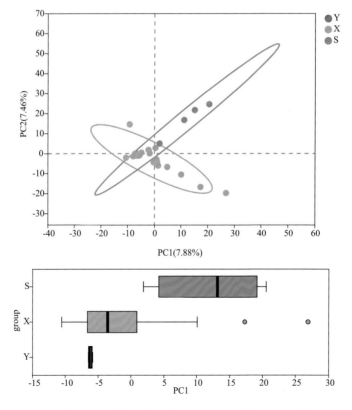

图 7-10　三种植物根际土壤真菌与根系内生真菌群落主成分分析（PCA）

X. 无距虾脊兰；S. 扇脉杓兰；Y. 银兰

脉杓兰与无距虾脊兰和银兰有着明显的区分，PC1解释了差异的7.88%，PC2解释了差异的7.44%。无距虾脊兰和银兰距离较近，而扇脉杓兰不管在PC1轴还是PC2轴，都与无距虾脊兰和银兰有明显的区分，该结果表明扇脉杓兰真菌类群与二者差别较大。基于PCA分析结果，将不同分组样本在第一主成分轴上做箱线图，进一步观察无距虾脊兰、扇脉杓兰和银兰在第一主成分轴上的差异离散情况。由图可以看出无距虾脊兰和银兰样本的中位值较近，与扇脉杓兰样本的中位值距离较远，表明前者样本间物种组成较相近。

7.4.2.3 物种差异性分析

在P=0.05差异水平下通过T检验，在门分类水平上，无距虾脊兰、扇脉杓兰与银兰仅在子囊菌门、罗兹菌门和Calcarisporiellomycota存在显著差异。扇脉杓兰子囊菌门相对来说占比最大，银兰占比最小，而罗兹菌门在3种植物中的分布则恰恰相反，银兰中罗兹菌门占比最大，扇脉杓兰占比最小，且彼此之间差异较大。

在科分类水平上（图7-11），未分类的GS11、未分类的罗兹菌门、红菇科、麦角菌科（Clavicipitaceae）以及亚隔孢壳科（Didymellaceae）丰度均值较高的5类真菌在3种植物种存在显著差异。除此之外，丛赤壳科（Nectriaceae）、蜡壳耳科（Sebacinaceae）、未分类的子囊菌门、肉座菌科以及丝盖伞科（Inocybaceae）相对丰度虽然较小但在无距虾脊兰、扇脉杓兰和银兰中也存在显著差异。

在属分类水平上（图7-11），$P \leqslant 0.001$的情况下，物种丰度均值排名前十的真菌中未分类的子囊菌门在3种植物中存在显著差异；$P \leqslant 0.01$的情况下，未分类的GS11、拟青霉属、丝盖伞属（Inocybe）和灵芝属（Ganoderma）存在显著差异；$P \leqslant 0.05$的情况下，未分类的罗兹菌门、红菇属、蜡壳耳属、棉革菌属（Tomentella）以及木霉属真菌在3种植物中存在显著差异。

7.4.3 3种物种间真菌多样性差异分析

就整体而言，扇脉杓兰真菌多样性与扇脉杓兰和银兰存在显著差异，前者真菌多样性更高，无距虾脊兰与银兰真菌多样性差别不显著，推测可能和宿主与兰科某些共生真菌之间存在专一性有关。专一性这一名词最早由Bernard提出，他曾发现同种兰科植物总是与同一类真菌共生，后来越来越多的学者开始针对这一关系展开大量的研究，结果大多都验证了二者之间存在专一性关系，且这种关系与多种因素有关（Kaur et al.，2019）。

根据测序结果可得3种植物在不同的分类水平上优势真菌不同，在同一分

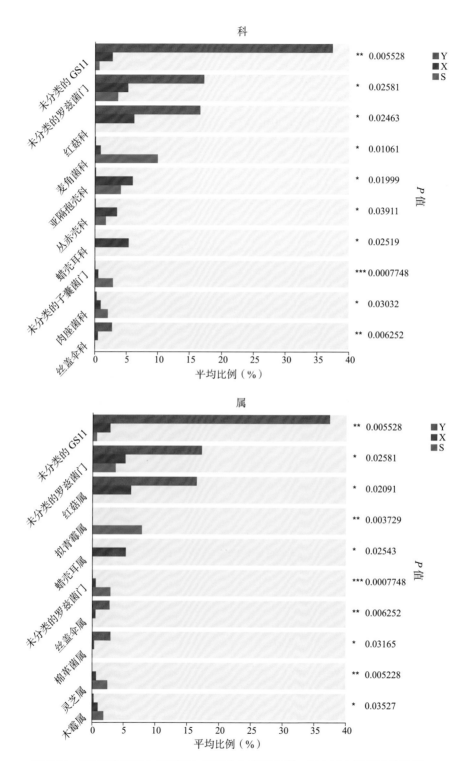

图 7-11　3种植物根际土壤真菌与根系内生真菌在科、属水平上差异显著类群

X. 无距虾脊兰；S. 扇脉杓兰；Y. 银兰

类水平上真菌类群以及相对丰度也存在显著差异，由此推测可能与兰科植物分类等级和系统发育关系有关。Jacquemyn等（2011）研究发现兰科植物与胶膜菌属真菌之间的共生关系受物种发育的显著影响，随着亲缘关系距离的增加，专一性也随之发生变化。扇脉杓兰为兰科杓兰属植物，银兰为兰科头蕊兰属植物，虾脊兰为兰科虾脊兰属植物，三者虽同为兰科植物，却隶属于不同属，优势真菌在一定程度上相似度较低。McCormick等（2018）的研究发现，兰科植物共生真菌的种类和相对丰度的差异会对宿主的分布规模产生一定的影响。就本研究中三种植物数量来讲，扇脉杓兰分布地点虽少，但数量最多，银兰数量和分布地点最少，无距虾脊兰分布点较多，但每个地点数量规模却不大。三者均生长在腐殖质丰富的林下、荫蔽山坡处或者无阳光直射、湿润的溪谷旁，光合作用强度不大无法满足自身生长发育所需营养物质和矿质元素，需要共生真菌为其提供营养，因此较为依赖共生真菌。其生长类型均为地生草本，从种子发育到生长为成年植株，需要真菌持续为其提供有机质，因此可能具有较高的真菌特异性。在属分类水平上，无距虾脊兰根际土壤优势真菌为原隐球菌属和 *Paraboeremia*，根系优势内生真菌为被孢霉属；扇脉杓兰根际土壤与根系优势内生真菌分别为*Paecilomyces*和被孢霉属；银兰为根际土壤优势真菌为未分类的罗兹菌门和原隐球菌属，根系优势内生真菌为红菇属，宿主植物存在不同的内生真菌群落组成和丰富度，表明宿主偏好在长期进化过程中特异性增强。

三者真菌群落的变化也可能是由于环境条件的差异引起的，例如地理位置以及土壤理化性质，从而导致菌根和植物群落在不同环境或不同栖息地的相关变化（Xing et al.，2015）。扇脉杓兰与无距虾脊兰周围伴生植物以乔木为主，其群落环境比较稳定，而银兰周围伴生植物虽有乔木，但灌丛和草丛距离银兰更近，相较乔木而言稳定性稍差，与其他植物间存在竞争，可能这也是银兰真菌多样性稍小且植株数量少的原因。扇脉杓兰位于天目山景区内海拔1120m的山坡林下，无距虾脊兰和银兰采样点位于景区外海拔分别为626m的林中空地和483m的山体陡坡处，相较于扇脉杓兰，无距虾脊兰与银兰采样点距离更近，周围伴生植物种类也更为相似。但由于海拔不同，即使距离相近，三者之间土壤理化性质也不尽相同，这也解释了为什么相较于扇脉杓兰，无距虾脊兰与银兰真菌类群在一定程度上较为相似却又不完全相同。

7.5　土壤理化性质与真菌多样性分析

pH值是大部分学者公认的影响土壤微生物的关键因子，也是反映土壤肥力的综合指标，其数值大小直接关系着其他矿质元素是否能发挥作用。作物的产量和质量受土壤中磷的营养状况影响，与此同时，土壤的潜在的供磷能力就显得尤为重要。土壤中有效磷（AP）主要是指土壤中可被植物吸收的磷组分，是限制植物生长主要因子之一。土壤中有适量钾存在时，植物的酶能充分发挥作用，不仅能促进光合作用，还能够促进纤维素和木质素的合成，从而使植物茎干粗壮。能反映近期内土壤氮的供应状况的重要指标就是土壤中速效氮的含量。无机的矿物态氮和有机态氮都被称为速效氮，土壤中速效氮含量与有机质含量及质量密切相关，有机质含量以及熟化程度越高，速效氮含量越高，二者成正比。

土壤中所有含碳的有机质，例如各种动植物的残体、微生物体及其会分解和合成的各种有机质都统称为土壤有机质。它不仅是土壤固相部分的重要组成成分，其含量的多少也是衡量土壤肥力的重要指标之一，对土壤形成、土壤肥力、环境保护及农林业可持续发展等方面都有着极其重要的作用。

在土壤有机磷化合物矿化的过程中起催化作用的酶被称为土壤磷酸酶，根据pH值进行划分又可分为碱性、中性和酸性3种类型磷酸酶，其活性高低受土壤碳、氮含量、有效磷含量和pH值显著影响。它不仅是评价土壤磷素生物转化方向与强度的指标，土壤中有机磷的分解转化及其生物有效性也与之活性高低有着直接的联系。

土壤脲酶（S-UE）能够水解尿素，产生氨和碳酸，土壤脲酶活性反映了土壤的氮素状况，其活性越高土壤的微生物数量、有机物质含量、全氮和速效氮含量就越高。评价土壤肥力的重要指标之一就是土壤蔗糖酶（S-SC），它不仅可以将蔗糖水解成单糖从而被机体吸收，土壤中有机质、氮、磷含量，微生物数量及土壤呼吸强度都与其酶促作用产物有着密不可分的关系。

7.5.1 土壤理化性质与酶活性

由表7-4可知，无距虾脊兰、扇脉杓兰和银兰土壤pH值、有机质、速效氮、氮、磷、钾和速效磷的含量范围分别为：7.06～7.20、90.80～111.00g/kg、135.33～239.75mg/kg、2.91～6.05g/kg、0.33～0.48g/kg、5.59～10.81g/kg、12.61～18.17mg/kg。其中，银兰土壤pH值、全钾以及速效磷含量最高，无距虾脊兰土壤速效氮含量、全氮、全磷含量最高，三者有机质含量相差无几，不同物种间除了有机质含量其余测定指标差异较显著，意味着无距虾脊兰、扇脉杓兰以及银兰土壤环境差异较明显。

表 7-4　3 种植物土壤理化性质

样　本	PH 值	有机质 (g/kg)	速效氮 (mg/kg)	氮 (g/kg)	磷 (g/kg)	钾 (g/kg)	有效磷 (mg/kg)
X	7.06±0.03c	111±0.44a	239.75±2.47a	6.05±0.07a	0.48±0.01a	8.25±0.06b	15.43±0.66b
Y	7.20±0.02a	92.9±0.92b	175.00±3.50b	3.91±0.03b	0.43±0.03a	10.81±0.07a	18.17±1.32a
S	7.11±0.01b	90.8±0.66c	135.33±3.64c	2.91±0.04c	0.33±0.07b	5.59±0.17c	12.61±0.79c

注：表中数据均为平均值 ± 标准差。X 为无距虾脊兰；S 为扇脉杓兰；Y 为银兰。

由表7-5可知，无距虾脊兰、扇脉杓兰和银兰土壤脲酶、土壤蔗糖酶、土壤酸性磷酸酶以及土壤碱性磷酸酶的含量范围分别为377.77～529.49μg/（d·g）、35.50～57.50mg/（d·g）、15.59～16.11μmol/（d·g）、9.16～10.67μmol/（d·g）。扇脉杓兰土壤中土壤脲酶和土壤蔗糖酶含量最高，银兰土壤中土壤碱性磷酸酶以及土壤酸性磷酸酶含量最高，与土壤pH值、有机质、速效氮、氮、磷、钾和速效磷结果一致，均是无距虾脊兰含量最低。其中，土壤脲酶含量银兰与扇脉杓兰存在显著差异，二者与无距虾脊兰差异不显著，土壤酸性磷酸酶含量三者差异不显著，土壤蔗糖酶以及土壤碱性磷酸酶无距虾脊兰、扇脉杓兰和银兰彼此之间差异显著。

表 7-5　三种植物土壤酶活性

样　本	土壤脲酶 [μg/（d·g）]	土壤蔗糖酶 [mg/（d·g）]	土壤酸性磷酸酶 [μmol/（d·g）]	土壤碱性磷酸酶 [μmol/（d·g）]
X	477.44±8.54ab	35.50±1.64c	15.99±0.86a	9.16±0.32c
Y	377.77±19.54b	38.82±0.68b	16.11±0.36a	10.67±0.33a
S	529.49±109.69a	57.50±0.80a	15.59±0.69a	9.99±0.35b

注：表中数据均为平均值 ± 标准差。X 为无距虾脊兰；S 为扇脉杓兰；Y 为银兰。

7.5.2　环境因子关联分析

RDA分析可以直观看出环境因子与样品之间的关系，也被称为环境因子约束化的PCA分析，即冗余分析，主要用来反映真菌类群与环境因子之间的关系。

在属分类水平上，分析速效氮和有效磷对无距虾脊兰、扇脉杓兰以及银兰真菌类群的影响，由图7-12a我们可以看出，速效氮和有效磷两种环境因子之间呈正相关。分别将三者垂直投影在速效氮和有效磷向量上，银兰在有效磷向量上的交叉点在其正方向，扇脉杓兰以及无距虾脊兰在其延伸方向，表明银兰中有效磷含量最高，无距虾脊兰最少；速效氮同理，无距虾脊兰中速效氮含量最高，银兰次之，扇脉杓兰含量最少。由于无距虾脊兰与有效磷的夹角呈直角，表明二者之间无相关性，扇脉杓兰与有效磷的交叉点位于有效磷的延伸方向，则表明真菌类群与有效磷含量呈负相关，银兰真菌类群与有效磷含量呈正相关；无距虾脊兰与速效氮交叉点位于速效氮正方向，银兰和扇脉杓兰与速效氮交叉点为其延伸方向，二者与真菌类群与速效氮含量呈负相关，无距虾脊兰与速效氮含量呈正相关。在RDA1轴上，速效氮向量均与RDA1轴夹角更小，意味着速效氮与RDA1关联程度要高，于RDA1轴贡献更高。在RDA2轴上，有效磷贡献比较大。

从土壤脲酶、土壤蔗糖酶与无距虾脊兰、扇脉杓兰和银兰真菌类群关系的RDA图中可以看出（图7-12b），土壤脲酶与土壤蔗糖酶向量之间夹角为锐角，表明这两种环境因子之间呈正相关。分别将三者垂直投影在土壤脲酶和土壤蔗糖酶向量上，无距虾脊兰和扇脉杓兰与土壤脲酶向量的交叉点位于其正方向，银兰位于其延伸方向，且扇脉杓兰交叉点距离原点距离更远，意味着扇脉杓兰土壤脲酶含量最高，无距虾脊兰次之，银兰最少；土壤蔗糖酶同理，扇脉杓兰中土壤蔗糖酶含量最高，银兰次之，无距虾脊兰最少。另外，银兰和无距虾脊兰与土壤蔗糖酶向量的交叉点位于其延伸方向，表明二者真菌类群与土壤蔗糖酶含量呈负相关，扇脉杓兰与土壤蔗糖酶呈正相关；无距虾脊兰和扇脉杓兰与土壤脲酶向量的交叉点位于其正方向，意味着二者真菌类群与土壤脲酶含量呈正相关，银兰交叉点位于其延伸方向，其真菌类群与土壤脲酶含量呈负相关。通过比较环境变量向量在约束轴上投影的相对长度，判断环境变量对群落特征的贡献度，由图我们可以看出土壤脲酶对RDA2轴贡献最大，土壤蔗糖酶对RDA1轴贡献最大。土壤蔗糖酶向量与RDA1轴夹角更小，土壤脲酶向量与RDA2轴夹角更小，意味着土壤蔗糖酶和土壤脲酶分别与RDA1和RDA2关联更大，贡献更高。

从pH值、有机质和钾与无距虾脊兰、扇脉杓兰和银兰真菌类群关系的RDA图中可以看出（图7-12c、图7-12f），pH值与钾向量之间夹角为钝角，有机质与钾呈锐角，表明pH值与钾这两种环境因子之间呈负相关，有机质与钾之间呈负相关。分别将三者垂直投影在pH值、有机质与钾向量上，无距虾脊兰与钾无相关性，与有机质呈正相关pH值呈负相关；扇脉杓兰与pH值呈正相关，与有机质和钾呈负相关；银兰与有机质呈负相关，与另外两个环境因子呈正相关。由其交叉点的位置可以判断出，无距虾脊兰有机质含量最高，银兰的pH值和钾含量最高。pH值与RDA1和RDA2轴角度一样，综合比较pH值、有机质和钾在约束轴上的投影长度，可以看出pH值对RDA1轴贡献更大，钾对RDA2轴贡献更大。

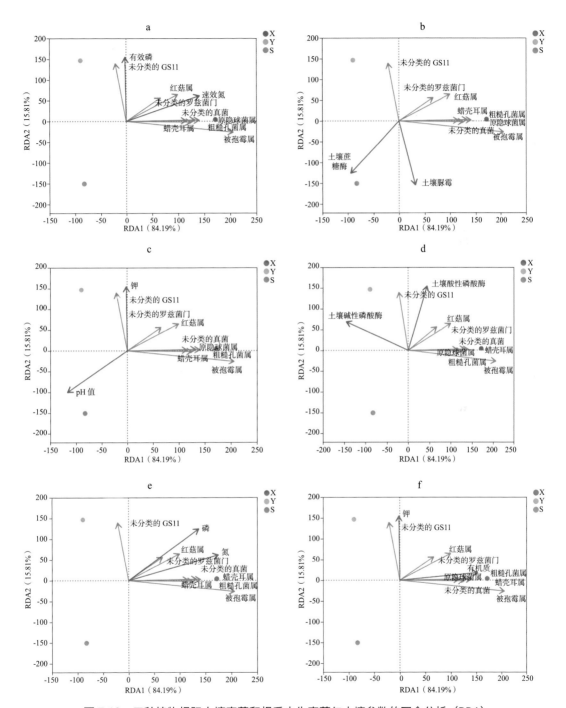

图 7-12 三种植物根际土壤真菌和根系内生真菌与土壤参数的冗余分析（RDA）

a. 速效氮和有效磷对三种植物真菌类群的影响；b. 土壤蔗糖酶和土壤脲酶对 3 种植物真菌类群的影响；

c.pH 值和钾对 3 种植物真菌类群的影响；d. 土壤酸性磷酸酶和土壤碱性磷酸酶对 3 种植物真菌类群的影响；

e. 磷和氮对 3 种植物真菌类群的影响；f. 钾和有机质对三种植物真菌类群的影响

X. 无距虾脊兰；S. 扇脉杓兰；Y. 银兰

从土壤碱性磷酸酶、土壤酸性磷酸酶与无距虾脊兰、扇脉杓兰和银兰真菌类群关系的RDA图中可以看出（图7-12d），二者之间夹角几乎为正角，说明土壤碱性磷酸酶与土壤酸性磷酸酶之间关联不大。分别将三者垂直投影在土壤碱性磷酸酶和土壤酸性磷酸酶向量上，发现银兰、无距虾脊兰真菌类群和土壤酸性磷酸酶含量呈正相关，扇脉杓兰呈现负相关；银兰和扇脉杓兰真菌类群与土壤碱性磷酸酶含量呈正相关，无距虾脊兰呈现负相关，且银兰土壤酸性磷酸酶含量高于无距虾脊兰，高于扇脉杓兰，土壤碱性磷酸酶含量高于扇脉杓兰，高于无距虾脊兰。土壤酸性磷酸酶到RDA2轴距离长度大于投影到RDA1轴的长度，与RDA2轴夹角更小，意味着土壤酸性磷酸酶对RDA2轴贡献度更高，相关性更强；土壤酸性磷酸酶对RDA1轴贡献度更高，相关性更强。

从氮、磷与无距虾脊兰、扇脉杓兰和银兰真菌类群关系的RDA图中可以看出（图7-12e），氮、磷向量之间夹角呈较小的锐角，表明变量氮、磷之间存在较强的正相关性。分别将三者垂直投影在氮、磷向量上，发现无距虾脊兰真菌类群与氮、磷含量之间呈正相关，银兰真菌类群与磷含量无相关性，与氮含量呈负相关，扇脉杓兰则与无距虾脊兰恰恰相反，真菌类群与氮、磷含量均呈负相关。根据投影的相对距离来看，无距虾脊兰的氮、磷含量均高于银兰和扇脉杓兰。氮向量投影到RDA1轴上的相对距离大于磷向量，但投影到RDA2轴上的距离小于磷向量，意味着在RDA2轴上磷贡献最高，在RDA1轴上氮相关性最强。

在属分类水平上相对丰度前八的真菌类群，均与pH值、土壤蔗糖酶呈负相关，与速效氮、土壤酸性磷酸酶、氮和磷呈正相关，从投射点距离来看，被孢霉属、蜡壳耳属和红菇属正相关性更强。未分类的GS11与有机质含量呈负相关，其余真菌与之呈现正相关关系，红菇属、粗糙孔菌属、原隐球菌属、蜡壳耳属、被孢霉属与有机质含量具有更强的正相关关系。原隐球菌属、被孢霉属与钾、有效磷含量之间表现为负相关，未分类的GS11与土壤碱性磷酸酶表现为正相关。粗糙孔菌属、原隐球菌属、蜡壳耳属、被孢霉属与土壤脲酶呈正相关，红菇属、未分类的GS11和未分类的罗兹菌门与土壤脲酶呈负相关。

7.5.3 土壤理化性质对真菌群落的影响分析

兰科植物属于显花植物中高度进化的科，对周围环境变化尤为敏感，土壤为根际土壤真菌的活动场所，其理化性质的变化直接影响着根际土壤真菌物种组成和相对丰度。

3种植物土壤pH值均在7.06~7.2之间，整体上呈中性。根据全国土壤养分分类等级标准，无距虾脊兰、扇脉杓兰和银兰土壤有机质含量均属于极高水平；碱解氮含量在3种植物间跨度较大，整体在135~240mg/kg之间，其中无距虾脊兰碱解氮含量属极高水平，扇脉杓兰和银兰属高水平；氮含量范围为2.91~6.05g/kg，均属于极高水平；磷含量范围为0.33~0.48g/kg，根据全国土壤养分等级标准，属于极低水平；无距虾脊兰和扇脉杓兰土壤钾含量属中等水平，银兰土壤钾含量属中上水平；3种植物土壤有效磷含量为12.61~18.17mg/kg，均属于中上水平。

在该研究中，3种植物间pH值和有机质含量变化幅度不大，但有机质含量较高，其余元素含量高低水平不一，变化起伏较大，推测可能与所处地理位置海拔有关。无距虾脊兰、扇脉杓兰和银兰等兰科植物多为肉质根，适合腐殖质丰富的腐叶土或山土。根据调查发现，就三者相较而言无距虾脊兰周围灌丛和草丛多于银兰和扇脉杓兰，植物种类会更多，相应的理化性质更为丰富一些。综上所述，无距虾脊兰土壤养分处于中等偏上水平，银兰与扇脉杓兰土壤养分处于中等水平。

但无距虾脊兰除了衰亡期枯枝落叶较多之外，其余时期土质较实，周围山石较多腐殖质并不十分丰富，腐殖质丰富的土壤提供给植物的营养元素更多，植物除自身光合作用提供的能量之外，无需过分依赖共生真菌。反观无距虾脊兰花期和果期，除了该时期需要更多营养之外，该时期外界温度逐渐升高等其他环境因子会影响周围植物生长，所以会更加依赖共生真菌为其提供能量，这两个时期根际土壤真菌与根系内生真菌多样性相对来说会更高一些。就无距虾脊兰整个生长发育时期而言，衰亡期周围植物也逐渐进入休眠状态，枯枝落叶较多，与萌芽期、花期和果期相比腐殖质更为丰富，所以真菌定殖较少。与扇脉杓兰和银兰相较而言，无距虾脊兰土壤理化性质丰富，且其优势真菌与大部分所测定的土壤理化因子呈正相关。

在3种植物中相对丰度前几位的优势真菌，均与大部分测定的理化性质呈正相关，部分真菌还表现出强烈的正相关关系，由此推测优势真菌可能为潜在的菌根真菌。

References
参考文献

陈丽, 潘瑞炽, 陈汝民, 1999. 墨兰原球茎生长的研究 [J]. 热带亚热带植物学报, 7 (1): 59-64.

陈连庆, 王小明, 裴致达, 2010. 石斛气生的兰科菌根组织结构及其对御旱研究 [J]. 生态环境学报, 19 (1): 160-164.

陈心启, 吉占和, 2003. 中国兰花全书 [M]. 北京: 中国林业出版社.

陈心启, 吉占和, 郎楷永, 等, 1999. 中国植物志: 第十八卷 [M]. 北京: 科学出版社.

陈心启, 罗毅波, 2003. 中国几个植物类群的研究进展 I. 中国兰科植物研究的回顾与前瞻 [J]. 植物学报, 45 (增刊): 2-20.

陈之林, 叶秀粦, 梁承邺, 等, 2004. 杏黄兜兰和硬叶兜兰的种子试管培养 [J]. 园艺学报, 31 (4): 540-542.

丁炳扬, 李根有, 傅承新, 等, 2010. 天目山植物志: 第一卷 [M]. 杭州: 浙江大学出版社.

段承俐, 李章田, 丁金玲, 等, 2010. 三七种子的后熟生理特性研究 [J]. 中国中药杂志 (20): 5.

高丽, 杨波, 2006. 湖北野生春兰资源遗传多样性的 ISSR 分析 [J]. 生物多样性, 14 (3): 250-257.

关璟, 王春兰, 肖培根, 等, 2005. 地生型兰科药用植物化学成分及其药理作用研究 [J]. 中国中药杂志, 30 (14): 1053-1061.

侯明, 2008. 虾脊兰的观赏与栽培 [J]. 中国花卉园艺, 10: 27.

胡适宜, 2005. 被子植物生殖生物学 [M]. 北京: 高等教育出版社.

忽雪琦, 李东阳, 严加坤, 等, 2018. 干旱胁迫下外源茉莉酸甲酯对玉米幼苗根系

吸水的影响 [J]. 植物生理学报, 54（6）: 991-998.

黄宝华, 2009. 虾脊兰属植物引种栽培研究 [J]. 漳州职业技术学院学报, 4（11）: 27-32.

黄立刚, 王卫东, 刘平, 等, 2016. 陕西省虾脊兰属（兰科）2 个分布新记录种 [J]. 湖北林业科技, 45（6）: 52-53.

黄敏, 江标, 高大中, 等, 2022. 大黄花虾脊兰内生真菌及土壤真菌的群落特征研究 [J]. 生态科学, 41（4）: 111-119.

黄卫昌, 周翔宇, 倪子轶, 等, 2015. 基于标本和分布信息评估中国虾脊兰属植物的濒危状况 [J]. 生物多样性, 23（4）: 493-498.

黄昕蕾, 2018. 基于转录组测序的鼓槌石斛花色花香形成分子调控机理研究 [D]. 北京: 中国林业科学研究院.

李昂, 2001. 三种兰科植物的保护遗传学研究 [D]. 北京: 中国科学院大学.

李昂, 葛颂, 2002. 植物保护遗传学研究进展 [J]. 生物多样性, 10（1）: 61-71.

蒋冬月, 李永红, 何昉, 等, 2012. 黄兰开花过程中挥发性有机成分及变化规律 [J]. 中国农业科学, 45（6）: 1215-1225.

蒋明, 吴棣飞, 鲍洪华, 等, 2018. 虾脊兰属 11 种药用植物 rDNA ITS 的克隆与序列分析 [J]. 中草药, 49（14）: 3369-3375.

蓝炎阳, 钟淮钦, 陈南川, 等, 2017. 大花蕙兰与墨兰种间杂交种子无菌播种繁殖技术研究 [J]. 中国农学通报, 33（10）: 61-66.

郎楷永, 1997. 中国植物志: 第十七卷 [M]. 北京: 科学出版社.

李柏年, 高金城, 1993. 大花杓兰根结构的扫描电镜研究 [J]. 甘肃科学学报, 5（2）: 64-67.

李崇晖, 黄明忠, 黄少华, 等, 2015. 4 种石斛属植物花朵挥发性成分分析 [J]. 热带亚热带植物学报, 23（4）: 454-462.

李崇晖, 仇键, 杨光穗, 等, 2013. 兰花花色化学及相关功能基因研究进展 [J]. 热带农业科学, 33（7）: 45-53.

李丹平, 陈雨洁, 万定荣, 等, 2009. 鄂西土家族常用兰科植物药 [J]. 中南民族大学学报（自然科学版）, 28（1）: 48-50.

李劲, 萧浪涛, 蔺万煌, 2002. 植物内源茉莉酸类生长物质研究进展 [J]. 湖南农业大学学报（自然科学版）, 28（1）: 78-84.

李孟凯，牛昱龙，杨文娟，等，2020. 西藏野生兰科植物内生真菌多样性与共生萌发研究 [J]. 高原农业，4（6）：580-584.

李晓芳，张梅，徐建，等，2021. 5 种虾脊兰菌根显微结构观察 [J]. 西北植物学报，41（5）：775-781.

李艳华，王雁，彭镇华，2010. 兰花香味形成机理研究进展 [J]. 安徽农业科学，38（1）：134-136.

梁汉兴，1984. 天麻胚胎学的研究 [J]. 植物学报，26（5）：466 - 472.

梁天干，郑伸坤，1984. 三种武夷兰花营养器官的形态解剖 [J]. 福建农学院学报，13（2）：147-155.

冷青云，莫饶，2008. 三褶虾脊兰的核型分析 [J]. 热带亚热带植物学报，16（2）：165-168.

刘翠华，2012. 江西省野生建兰的 ISSR 遗传多样性研究 [D]. 南昌：南昌大学.

刘捷平，1984. 被子植物的胚胎发育 [J]. 生物学通讯，5：4-6.

吕立新，王宏伟，梁雪飞，等，2014. 不同化学型和季节变化对茅苍术内生真菌群落多样性的影响 [J]. 生态学报，34（24）：7300-7310.

吕素华，徐萌，张新凤，等，2016. 11 个铁皮石斛杂交家系鲜花的挥发性成分分析 [J]. 中国试验方剂学杂志，22（6）：52-57.

卢思聪，1995. 待开发的虾脊兰 [J]. 中国花卉盆景，9：10.

罗丽娟，谢石文，1997. 被子植物胚胎学的学科史及其哲学思考 [J]. 华南热带农业大学学报，3（1）：1- 4.

罗远华，黄敏玲，叶秀仙，等，2011. 三褶虾脊兰无菌播种快繁技术研究 [J]. 南方农业学报，42（7）：708-711.

罗毅波，2003. 中国兰科植物的保护策略 [J]. 中国林业，11(B)：24-25.

宁琪，陈林，李芳，等，2022. 被孢霉对土壤养分有效性和秸秆降解的影响 [J]. 土壤学报，59（1）：206-217.

浦梅，孙永玉，高成杰，等，2016. 滇重楼种子内源激素含量与种胚长度和萌发的关系 [J]. 林业科学研究，29（2）：268-273.

钱鑫，李全健，连静静，等，2013. 珍稀植物扇脉杓兰营养器官的解剖学研究 [J]. 植物研究，33（5）：540-545.

任玲，王伏雄，1987. 兜兰胚胎学的研究 [J]. 植物学报，29（1）：14-21.

史倩倩，周琳，李奎，等，2015. 植物花色素合成的转录调控研究进展 [J]. 林业科学研究，28（4）：570-576.

苏海兰，周先治，李希，等，2018. 云南重楼种子萌发过程内源激素含量及酶活性变化研究 [J]. 核农学报，32（1）：141-149.

苏文君，龙波，刘飞虎，2012. 虾脊兰属植物研究现状 [J]. 北方园艺，16：190-193.

孙小琴，2010. 江西省野生寒兰的 ISSR 遗传多样性研究 [D]. 南昌：南昌大学.

孙叶，包建忠，刘春贵，等，2015. 兰花花色基因工程研究进展 [J]. 核农学报，29（9）：1701-1710.

汤秀菲，2012. 江西省野生蕙兰遗传多样性的 ISSR 分析 [D]. 南昌：南昌大学.

唐锡华，1983. 植物胚胎发育生物学的一些研究进展 [J]. 植物生理学通讯，3：15-23.

王莲辉，姜运力，2007. 剑叶虾脊兰的组织培养与快速繁殖 [J]. 植物生理学通讯，43（1）：112.

王亚妮，2013. 兰科石斛属植物根部内生真菌多样性研究及应用 [D]. 北京：北京林业大学.

伍成厚，梁承邺，叶秀麟，2004. 低温对蝴蝶兰胚珠发育的影响 [J]. 热带亚热带植物学报，12（12）：129-132.

伍成厚，李冬妹，梁承邺，等，2004. 五唇兰珠被细胞的超微结构观察 [J]. 亚热带植物科学，33（3）：4-6.

邬秉左，1995. 兰中西施——虾脊兰 [J]. 花卉园艺，2：6.

熊驰，陈锋，郑昌兵，等，2022. 重庆兰科虾脊兰属新记录种——药山虾脊兰 [J]. 福建林业科技，49（2）：109-110.

徐程，詹忠根，张铭，2002. 中国兰的组织培养 [J]. 植物生理学通讯，38（2）：171-174.

杨慧君，2011. 中国兰花挥发性成分分析 [D]. 呼和浩特：内蒙古农业大学.

杨慧君，姚娜，李潞滨，等，2011. 建兰花香成分的 GC-MS 分析 [J]. 中国农学通报，27（16）：104-109.

杨霁琴，满自红，2022. 甘肃省兰科植物虾脊兰属的 1 种新分布记录种 [J]. 甘肃农业大学学报，57（5）：188-193.

杨淑珍，范燕萍，2008. 蝴蝶兰 2 个品种挥发性成分差异性分析 [J]. 华南农业大学学报，1: 114-116.

尹伟伦，王华芳，2009. 林业生物技术 [M]. 北京：科学出版社.

于晓南，张启翔，2002. 观赏植物的花色素苷与花色 [J]. 林业科学（3）: 147-153.

余迪求，杨明兰，李宝健，1996. 建兰原球茎发生及其无性繁殖系建立 [J]. 中山大学学报论丛，2: 17-22.

余叔文，汤章城，1999. 植物生理与分子生物学 [M]. 北京：科技出版社.

袁王俊，张维瑞，尚富德，2007. 黄连营养器官解剖结构与其阴生环境相关性研究 [J]. 河南大学学报（自然科学版），37（2）: 184-186.

曾碧玉，朱根发，刘海涛，等，2008. 4 种野生兰花种子特征及离体培养初报 [J]. 亚热带植物科学，37(3): 31-34.

曾宋君，陈之林，温铁龙，等，2006. 银带虾脊兰的离体繁殖 [J]. 植物生理学通讯，42（1）: 71.

曾宋君，陈之林，吴坤林，等，2007. 兜兰无菌播种和组织培养研究进展 [J]. 园艺学报，34（3）: 793-796.

张辉秀，冷平生，胡增辉，等，2013. '西伯利亚'百合花香随开花进程变化及日变化规律 [J]. 园艺学报，40（4）: 693-702.

张娟娟，严宁，胡虹，2013. 三种兜兰属植物种子发育过程及其与无菌萌发的关系 [J]. 植物分类与资源学报，35（1）: 33-40.

张丽，仇晓玉，罗建，2018. 西藏兰科植物新记录 [J]. 浙江大学学报（理学版），45（5）: 647-650.

张龙进，白成科，2011. 正交设计优化北重楼 ISSR-PCR 体系 [J]. 植物研究，31(1): 105-108.

张霞，2011. 兰花内生菌对铁皮石斛抗逆性的研究 [D]. 南京：南京林业大学.

张莹，田敏，王彩霞，2018. 不同光照条件下香水文心兰花香气组成成分及感官评定 [J]. 植物资源与环境学报，27（4）: 107-109.

张毓，张启翔，赵世伟，等，2010. 濒危植物大花杓兰胚与珠被发育的研究 [J]. 园艺学报，37（1）: 72 – 76.

张泽宏，吴小霞，2013. 5 种蕨类植物叶片解剖结构及其对阴生环境的适应性研究 [J]. 华中师范大学学报，47（6）: 840-843.

郑清冬，王艺，欧悦，等，2021. 兰科植物花色相关基因研究进展 [J]. 园艺学报，48（10）：2057-2072.

郑艳，徐珞珊，王峥涛，2005. 11 种药用石斛根的形态组织学研究 [J]. 中草药，36（11）：1700-1703.

周延清，2005. DNA 分子标记技术在植物研究中的应用 [M]. 北京：化学工业出版社.

庄鑫，吴媛，陈佳雯，等，2023. 不同地点朝鲜淫羊藿生长时期内生真菌的多样性 [J]. 分子植物育种，2：1-21.

朱广龙，马茵，韩蕾，等，2014. 植物晶体的形态结构、生物功能及形成机制研究进展 [J]. 生态学报，34（22）：6429-6439.

朱栗琼，徐艳霞，招礼军，等，2016. 喀斯特地区莎叶兰的解剖构造及其环境适应性 [J]. 广西植物，36（10）：1179-1185.

ALBERT N W, ARATHOON S, COLLETTE V E, et al., 2010. Activation of anthocyanin synthesis in *Cymbidium orchids*: variability between known regulators[J]. Plant Cell Tissue and Organ Culture, 100（3）: 355-360.

ARANO H, 1963. Cytological studies in subfamily Carduoideae（Compositae）of Japan, IX [J]. Bot Mag Tokyo, 76: 32-39.

ARDITTI J, GHANI A A, 2000. Numerical and physical properties of orchid seeds and their biological implications [J]. New Phytol. 145: 367-421.

BARBOSA A R, SILVA-PEREIRA V, BORBA E L, 2013. High genetic variability in self-incompatible myophilous *Octomeria*（Orchidaceae, Pleurothallidinae）species[J]. Braz. J. Bot., 36: 179-187.

BATYGINA T, BRAGINA E, VASILYE V, 2003. The reproductive system and germination in orchids[J]. Acta Biologica Cracoviensia, 45（2）: 21-34.

BORRELL A N, SHI Y, GAN Y, et al., 2017. Fungal diversity associated with pulses and its influence on the subsequent wheat crop in the Canadian prairies [J]. Plant and Soil, 414（1-2）: 13-31.

BOUGOURE J, LUDWIG M, BRUNDRETT M, et al., 2009. Identity and specificity of the fungi forming mycorrhizas with the rare mycoheterotrophic orchid *Rhizanthella gardneri*[J]. Mycological Research, 113（10）: 1097-1106.

BRZOSKO E, WRÓBLEWSKA A, TAŁAŁAJ I, et al., 2011. Genetic diversity of *Cypripedium calceolus* in Poland[J]. Plant Syst. Evol., 295: 83-96.

CHEN X H, GUAN J J, DING R, et al., 2013. Conservation genetics of the endangered terrestrial orchid *Liparis japonica* in Northeast China based on AFLP markers [J]. Plant Syst. Evol., 299: 691-698.

CHIOU C, YEH K, 2008. Differential expression of *MYB* gene (*OgMYB1*) determines color patterning in floral tissue of *Oncidium* Gower Ramsey [J]. Plant Molecular Biology, 66 (4): 379-388.

CHUNG M Y, LÓPEZ-PUJOL J, MAKI M, et al., 2012. Genetic variation and structure within 3 endangered *Calanthe* species (Orchidaceae) from Korea: inference of population-establishment history and implications for conservation [J]. J. Hered., 104: 248-262.

CONSOLATA N, OKELO W V, WYCLIF O, et al., 2022. Plastome structure of 8 *Calanthe* s.l. species (Orchidaceae): comparative genomics, phylogenetic analysis [J]. BMC Plant Biology, 22 (1): 1-22.

COX A V, PRIDGEON A M, ALBERT V A, et al., 1997. Phylogenetics of the slipper orchids (Cypripedioideae: Orchidaceae): nuclear rDNA ITS sequences [J]. Plant Syst Evol, 208 (3/4): 197-223.

COZZOLINO S, D'EMERICOAND S, WIDMER A, 2004. Evidence for reproductive isolate selection in Mediterranean orchids: karyotype differences compensate for the lack of pollinator specificity [J]. Proc. R. Soc. Lond. B., 271: S259-S262.

DA CRUZ D T, SELBACH-SCHNADELBACH A, LAMBERT S M, et al., 2011. Genetic and morphological variability in *Cattleya elongata* Barb. Rodr. (Orchidaceae), endemic to the campo rupestre vegetation in northeastern Brazil[J]. Plant Syst. Evol., 294: 87-98.

DEB C, PONGENER A, 2011. Asymbiotic seed germination and in vitro seedling development of *Cymbidium aloifolium* (L.) Sw.: a multipurpose orchid [J]. Journal of Plant Biochemistry and Biotechnology, 20 (1): 90-95.

DUDAREVA N, PICHERSKY E, 2000. Biochemical and molecular genetic aspects of floral scents.[J]. Plant Physiology, 122（3）: 627-633.

EDWARD C, YEUNG N L, 1996. Embryology of *Cymbidium sinense*: embryo development [J]. Annals of Botany, 78: 105-110.

ESPOSITO F, JACQUEMYN H, WAUD M, et al., 2016. Mycorrhizal fungal diversity and community composition in two closely related *Platanthera*（Orchidaceae）species [J]. PLoS One, 11（10）: e164108.

EVANNO G, REGNAUT S, GOUDET J, 2005. Detecting the number of clusters of individuals using the software STRUCTURE: a simulation study [J]. Mol. Ecol., 14: 2611-2620.

FAJARDO C G, DE ALMEIDA VIEIRA F, MOLINA W F, 2014. Interspecific genetic analysis of orchids in Brazil using molecular markers[J]. Plant Syst. Evol., 300（8）: 1825-1832.

FREDRIKSON M, 1992. The development of female gametophyte of *Epipactis*（Orchidaceae）and its inference for reproductive ecology[J]. Annals of Botany, 79: 61-68.

GEORGE S, SHARMA J, YADON V L, 2009. Genetic diversity of the endangered and narrow endemic *Piperia yadonii*（Orchidaceae）assessed with ISSR polymorphisms[J]. Am. J. Bot., 96: 2022-2030.

GU K, WANG C, HU D, et al., 2019. How do anthocyanins paint our horticultural products? [J]. Scient-ia Horticulturae, 249: 257-262.

HAMRICK J L, GODT M J W, 1996. Effects of life history traits on genetic diversity in plant species[J]. Philos Trans R Soc B. 351: 1291-1298.

HSIAO Y Y, PAN Z J, HSU C C, et al., 2011. Research on orchid biology and biotechnology[J]. Plantand Cell Physiology, 52（9）: 1467-1486.

HSIAO Y Y, TSAI W C, KUOH C S, et al., 2006. Comparison of transcripts in *Phalaenopsis bellina* and *Phalaenopsis equestris*（Orchidaceae）flowers to deduce monoterpene biosynthesis pathway[J]. BMC Plant Biol, 6: 14.

HSU C, CHEN Y, TSAI W, et al., 2015. Three R2R3-MYB transcription factors regulate distinct floral pigmentation patterning in *Phalaenopsis* spp. [J]. Plant Physiology, 168（1）: 175-910.

HSU C, SU C, JENG M, et al., 2019. A *HORT1* retrotransposon insertion in the *PeMYB11* promoter causes harlequin/black flowers in *Phalaenopsis* Orchids[J]. Plant Physiology, 180（3）: 1535-1548.

HUANG B Q, YE X L, YEUNG E C, et al., 1998. Embryology of *Cymbidium sinense*: the microtubule organization of early embryos[J]. Ann Bot, 81: 741-750.

HUANG M, GAO D, LIN L, et al., 2022. Spatiotemporal dynamics and functional characteristics of the composition of the main fungal taxa in the root microhabitat of *Calanthe sieboldii*（Orchidaceae）[J]. BMC Plant Biology, 22（1）: 556.

HUANG J L, LI S Y, HU H, 2014. ISSR and SRAP markers reveal genetic diversity and population structure of an endangered slipper orchid, *Paphiopedilum micranthum*（Orchidaceae）[J]. Plant Divers. Resour., 36: 209-218.

HARBORNE J B, WILLIAMS C A, 2000. Advances in flavonoid research since 1992 [J]. Phytochemistry, 55（6）: 481-504.

IZAWA T, KAWAHARA T, TAKAHASHI H, 2007. Genetic diversity of an endangered plant, *Cypripedium macranthos* var. *rebunense*（Orchidaceae）: background genetic research for future conservation[J]. Conserv. Genet., 8: 1369-1376.

JACQUEMYN H, MERCKX V, BRYS R, et al., 2011. Analysis of network architecture reveals phylogenetic constraints on mycorrhizal specificity in the genus Orchis（Orchidaceae）[J]. New Phytologist, 192（2）: 518-528.

JACQUEMYN H, VANDEPITTE K, BRYS R, et al., 2007. Fitness variation and genetic diversity in small, remnant populations of the food deceptive orchid Orchis purpurea[J]. Biol. Conserv., 139: 203-210.

JERSÁKOVÁ J, MALINOVÁ T, 2007. Spatial aspects of seed dispersal and seedling recruitment in orchids[J]. New Phytol., 176: 237-241.

JULIANA L, SAMPAIO M, SANDRA M, et al., 2011. Anatomical development of the pericarp and seed of *Oncidium flexuosum* Sims [J]. Flora, 206: 601-609.

KAUR J, ANDREWS L, SHARMA J, 2019. High specificity of a rare terrestrial orchid toward a rare fungus within the North American tallgrass prairie [J]. Fungal Biology, 123（12）: 895-904.

KIM S H, LEE J S, LEE G J, et al., 2013. Analyses of genetic diversity and relationships in four *Calanthe* taxa native to Korea using AFLP markers[J]. Hort. Environ. Biotechnol., 54: 148-155.

LEE Y, LEE N, YEUNG E, et al., 2005. Embryo development of *Cypripedium formosanum* in relation to seed germination in vitro [J]. JAmer SocHortSci, 130 （5）: 752-753.

LEE Y I, YEUNG E C, 2012. Embryology of the lady's slipper orchid, *Paphiopedilum delenatii*: ovule development[J]. Botanical Studies, 53: 97- 104.

LEE Y, YEUNG E, LEE N, 2006. Embryo development in the lady's slipper orchid, *Paphiopedilum delenatii*, with emphasis on the ultrastructure of the suspensor[J]. Annals of Botany, 98 （6）: 1311-1319.

LI J M, JIN Z X, 2007. Genetic variation and differentiation in *Torreya jackii* Chun, an endangered plant endemic to China[J]. Plant Sci., 172: 1048-1053.

LI J M, JIN Z X, 2008. Genetic structure of endangered *Emmenopterys henryi* Oliv. based on ISSR polymorphism and implications for its conservation[J]. Genetica, 133: 227-234.

LI X X, DING X Y, CHU B H, et al., 2008. Genetic diversity analysis and conservation of the endangered Chinese endemic herb *Dendrobium officinale* Kimura et Migo（Orchidaceae）based on AFLP[J]. Genetica, 133: 159-166.

LIU S S, CHEN J, LI S C, et al., 2015. Comparative transcriptome analysis of genes involved in GA-GID1-DELLA regulatory module in symbiotic and asymbiotic seed germination of *Anoectochilus roxburghii*（Wall.）Lindl.（Orchidaceae）[J]. International Journal of Molecular Sciences, 16（12）, 30190-30203.

LIU J, OSBOURN A, MA P, 2015. *MYB* transcription factors as regulators of phenylpropanoid metabolism in plants [J]. Molecular Plant, 8（5）: 78-85.

LIU N, JACQUEMYN H, LIU Q, et al., 2022. Effects of a dark septate fungal endophyte on the growth and physiological response of seedlings to drought in an epiphytic orchid [J]. Frontiers in Microbiology, 13: 2590.

MACHON N, BARDIN P, MAZER S J, et al., 2003. Relationship between genetic structure and seed and pollen dispersal in the endangered orchid *Spiranthes spiralis*[J]. New Phytol., 157: 677-687.

MA H, POOLER M, GRIESBACH R, 2008. Ratio of Myc and Myb transcription factors regulates anthocyanin production in orchid flowers [J]. Journal of The American Society for Horticultural Science, 133 (1): 133-138.

MA C, WANG Z Q, ZHANG L T, et al., 2014. Photosynthetic responses of wheat (*Triticum aestivum* L.) to combined effects of drought and exogenous methyl jasmonate[J]. Photosynthetica, 52 (3): 377-385.

MA J M, YIN S H, 2009. Genetic diversity of *Dendrobium fimbriatum* (Orchidaceae), an endangered species, detected by inter-simple sequence repeat (ISSR)[J]. Acta Bot. Yunn., 31: 35-41.

MCCORMICK M K, WHIGHAM D F, CANCHANI V A, 2018. Mycorrhizal fungi affect orchid distribution and population dynamics [J]. New Phytologist, 219 (4): 1207-1215.

MCDERMOTT J M, MCDONALD B A, 1993. Gene flow in plant pathosystems[J]. Annu. Rev. Phytopathol., 31: 353-373.

MOHD-HAIRUL A R, NAMASIVAYAM P, CHENG L G, et al., 2010. Terpenoid, benzenoid, and phenylpropanoid compounds in the floral scent of *Vanda* Mimi Palmer [J]. Journal of Plant Biology, 53 (5): 358-366.

MURAKAMI T, KISHI A, SAKURAMA T, et al., 2001. Chemical constituents of two oriental orchids, *Calanthe discolor* and *C. liukiuensis*: precursor indole glycoside of tryptanthrin and indirubin[J]. Heterocycles, 54(2): 957.

NADEAU J A, ZHANG X S, Li J, O'NEILL S D, 1996. Ovule Development: identification of stage-specific and tissue-specific cDNAs[J]. Plant Cell, 8: 213-239.

NEI M, 1973. Analysis of gene diversity in subdivided populations[J]. Proc. Nat. Acad. Sci. USA, 70: 3321-3323.

NYBOM H, 2004. Comparison of different nuclear DNA markers for estimating intraspecific genetic diversity in plants[J]. Mol. Ecol., 13: 1143-1155.

NYBOM H, BARTISH I V, 2000. Effects of life history traits and sampling strategies on genetic diversity estimates obtained with RAPD markers in plants[J].

Perspect. Plant Ecol. Evol. Syst., 3: 93-114.

OJA J, VAHTRA J, BAHRAM M, et al., 2017. Local-scale spatial structure and community composition of orchid mycorrhizal fungi in semi-natural grasslands [J]. Mycorrhiza, 27（4）: 355-367.

PARK M S, EIMES J A, OH S H, et al., 2018. Diversity of fungi associated with roots of Calanthe orchid species in Korea [J]. Journal of Microbiology, 56（1）: 49-55.

PILLON Y, QAMARUZ-ZAMAN F, FAY M F, et al., 2007. Genetic diversity and ecological differentiation in the endangered fen orchid（ *Liparis loeselii* ）[J]. Conserv. Genet., 8: 177-184.

PORCO S, ALEŠ P, RASHED A, et al., 2016. Dioxygenase-encoding *AtDAO1* gene controls IAA oxidation and homeostasis in *Arabidopsis* [J]. Proceedings of the National Academy of Sciences, 113（39）: 1016-1102.

RAMYA M, KWON O K, AN H R, et al., 2017. Floral scent: regulation and role of MYB transcriptionfactors[J]. Phytochemistry Letters, 19: 114-120.

RASMUSSEN H N, 1995. Terrestrial orchids: from seed to mycotrophic plant [M]. New York: Cambridge University Press.

RASMUSSEN F N, JOHANSEN B, 2006. Carpology of orchids [J]. Selbyana, 27: 44- 53.

REIS M G, PANSARIM E R, SILVA U F D, et al., 2004. Pollinator attraction devices（ floral fragrances ）of some Brazilian orchids[J]. Arkivoc, 6: 103-111.

ROY S C, SHARMA A K, 1972. Cytological study of Indian orchids [J]. Proc. Natl. Inst. Sci., 38: 72-86.

STEBBINS G L, 1971. Chromosomal evolution in higher plants [M]. London: Edward Arnold.

SCHUURINK R C, HARING M A, CLARK D G, 2006. Regulation of volatile benzenoid biosynthesis in petunia flowers [J]. Trends in Plant Science, 11（1）: 20-25.

SCHWAB W, DAVIDOVICH-RIKANATI R, LEWINSOHN E, 2008. Biosynthesis of plant derived flavor compounds [J]. Plant Journal, 54（4）: 712-732.

SELOSSE M A, BAUER R, MOYERSOEN B, 2002. Basal hymenomycetes belonging to the Sebacinaceae are ectomycorrhizal on temperate deciduous trees [J]. The New Phytologist, 155（1）: 183-195.

SLABBERT E, KONGOR R Y, ESLER K J, et al., 2010. Microbial diversity and community structure in Fynbos soil [J]. Molecular Ecology, 19（5）: 1031-1041.

SLATKIN M, 1985. Gene flow in natural populations [J]. Annu. Rev. Ecol. Syst., 16: 393-430.

SMITH J L, HUNTER K L, HUNTER R B, 2002. Genetic variation in the terrestrial orchid *Tipularia discolor*[J]. Southeast. Nat., 1（1）: 17-26.

SOOD S K, 1989. Embryology and systematic position of Liparis（Orchidaceae）[J]. Plant System, 166: 1- 9.

SOOD S K, 1992. Embryology of *Malaxis saprophyta*, with comments on the systematic position of *Malaxis*（orchidaceae）[J] .Plant System, 179: 95-105.

SRIKANTH K, KOO J C, WHANG S S, 2013. Genetic relationships between Korean *Calanthe* species and some naturally occurring mutants based on multiple DNA markers [J]. Nord. J. Bot., 31: 757-766.

TOSHINARI G, MIHO K, EMI N, et al., 2010. Germination of mature seeds of *Calanthe tricarinata* Lindl., an endangered terrestrial orchid, by asymbiotic culture in vitro[J]. In Vitro Cellular and Developmental Biology, 46: 323-328.

TSAI W, HSIAO Y, PAN Z, et al., 2008. The role of ethylene in orchid ovule development [J]. Plant Science, 175: 98–105.

WALLACE L E, 2004. A comparison of genetic variation and structure in the allopolyploid *Platanthera huronensis* and its diploid progenitors, *Platanthera aquilonis* and *Platanthera dilatata*[J]. Can. J. Botany, 82: 244-252.

WANG R, MAO C, MING F, 2022. *PeMYB4L* interacts with *PeMYC4* to regulate anthocyanin biosynthesis in Phalaenopsis orchid [J]. Plant Science, 324: 334-341.

WEI C R, PENG S K, YIEN T A S, 2022. Antimicrobial activities and phytochemical screening of endophytic fungi isolated from *Cymbidium* and *Dendrobium* orchids [J]. South African Journal of Botany, 151: 909-918.

WU H F, LI Z Z, HUANG H W, 2006. Genetic differentiation among natural populations of *Gastrodia elata*（Orchidaceae）in Hubei and germplasm assessment of the cultivated populations[J]. Biodivers. Sci., 14: 315-326.

XING X, GAI X, LIU Q, et al., 2015. Mycorrhizal fungal diversity and community composition in a lithophytic and epiphytic orchid [J]. Mycorrhiza, 25（4）: 289-296.

YANG Q, FU Y, WANG Y Q, et al., 2014. Genetic diversity and differentiation in the critically endangered orchid（*Amitostigma hemipilioides*）: implications for conservation[J]. Plant Syst. Evol., 300: 871-879.

YAO X H, GAO L, YANG B, 2007. Genetic diversity of wild *Cymbidium goeringii*（Orchidaceae）populations from Hubei based on inter-simple sequence repeats analysis[J]. Front. Biol. China, 2: 419-424.

YE X L, ZEE S Y, YEUNG E C, 1997. Suspensor development in the nun orchid, *Phaius tankervilliae*[J]. Int J Plant Sci, 158: 704-712.

YEUNG E C, MEINKE D W, 1993. Embryogenesis in angiosperms: development of the suspensor [J]. Plant Cell, 5: 1371 - 1381.

YOKOYA K, ZETTLER L W, BELL J, et al., 2021. The Diverse assemblage of fungal endophytes from orchids in Madagascar linked to abiotic factors and seasonality [J]. Diversity, 13（2）: 96.

YU H, GOH C J, 2000. Identification and characterization of three orchid MADS-box genes of the AP1/AGL9 subfamily during floral transition [J]. Plant Physiol, 123: 1325 - 1336.

YUNG I L, MING C C, LI L, et al., 2018. Increased expression of 9-cis-epoxycarotenoid dioxygenase, PtNCED1, associated with inhibited seed germination in a terrestrial orchid, *Phaius tankervilliae* [J]. Frontiers in Plant Science, 9: 1043-1055.

YUNG I L, NEAN L, 2005. Embryo development of *Cypripedium formosanum* in relation to seed germination in vitro [J]. American Society Horticulture, 130（5）: 752-753.

ZHANG Y, ZHOU T, DAI Z, et al., 2020. Comparative transcriptomics provides insight into floral color polymorphism in a *Pleione limprichtii* orchid population [J].

International Journal of Molecular Sciences, 21 （1）: 78-89.

ZHANG X S, O'NEILL S D, 1993. Ovary and gametophyte development are coordinately regulated following pollination by auxin and ethylene [J]. Plant Cell, 5: 403-418.

ZHAO Z, ZHANG Y, LIU X, et al., 2013. A role for a dioxygenase in auxin metabolism and reproductive development in rice [J]. Developmental Cell, 27(1): 113-122.

ZIETKIEWICZ E, RAFALSKI A, LABUDA D, 1994. Genome fingerprinting by simple sequence repeat（SSR）-anchored polymerase chain reaction amplification[J]. Genomics, 20: 176-183.